学做中国结丛书

精美中國结

挂饰

GUA SHI

编著 犀文图书 谢海斌

策划 犀文图书

浙江科学技术出版社

前言 Preface

中国结历史悠久，它是由旧石器时代的缝衣打结、汉朝的礼仪记事、清朝流行的民间艺术逐渐演变而来的。因其外观对称精致，符合中国传统装饰的习俗和审美观念，故称为“中国结”。

现代的中国结取材简单多样，玉线、股线、金线、跑马线、扁带，甚至是棉线、尼龙线等均能用来编结。不同质地和颜色的线，可以编出风格、形态与韵致各异的结。把不同的结组合起来，或者搭配上珠子、玉石、陶瓷等配件，便能编制出造型独特、寓意深刻、内涵丰富的中国传统吉祥装饰品。

中国结有着复杂美妙的曲线，却又可以还原成最纯粹最简单的二维线条，因为其每一个结都是用一根或数根丝线编制而成，它身上所展示的情致与智慧正是中华古老文明的缩影。试想，闲来无事时，约上几位志同道合的老友，在温暖的阳光下，喝茶聊天，交流心得，随手拿起几根丝线编结，静静地感受时光的流淌，是何等惬意的事。

为传承中国传统文化，同时也为能和广大中国结爱好者共同分享、学习和提高技艺，我们特意编写了这套“学做中国结丛书”，包括《精美中国结挂饰》、《精巧中国结手链》和《精致中国结项链》3本，通过基本结、延伸结的组合变化，将中国结作品千变万化、灵活生动的特色完美体现。每册图书均包括精美成品大图和步骤详细的图文解说，实为中国结爱好者不可多得的教程。

本册《精美中国结挂饰》收录了62款中国结挂饰，包括手机挂饰、包包挂饰、汽车挂饰、家居挂饰、扇坠、发簪等不同种类，款式精美、大方，线结灵活多变，适合家居装饰及日常佩戴。

目录 Contents

基础知识

手机挂饰

包包挂饰

汽车挂饰

家居挂饰

其他挂饰

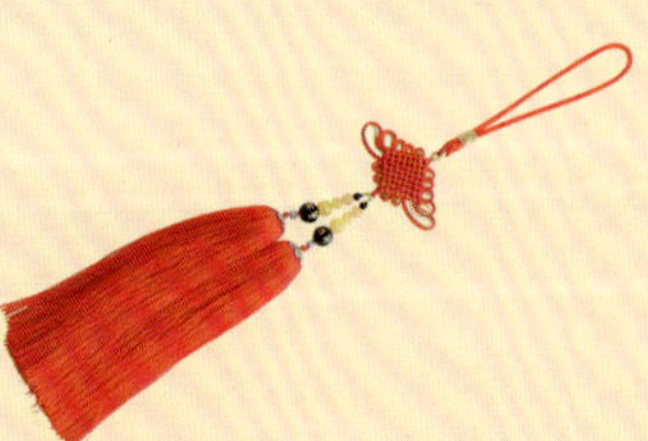

基础知识

常用线材

5 号线

6 号线

7 号线

72 号线

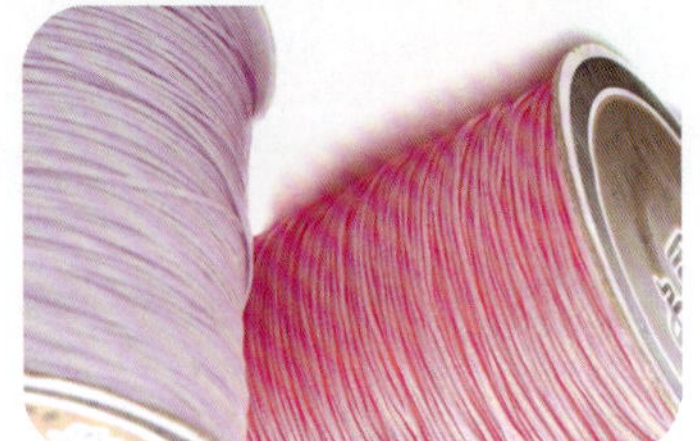
A 玉线

B 玉线

C 玉线

跑马线

五彩线

股线

金线

扁带

如意扁带

常用工具

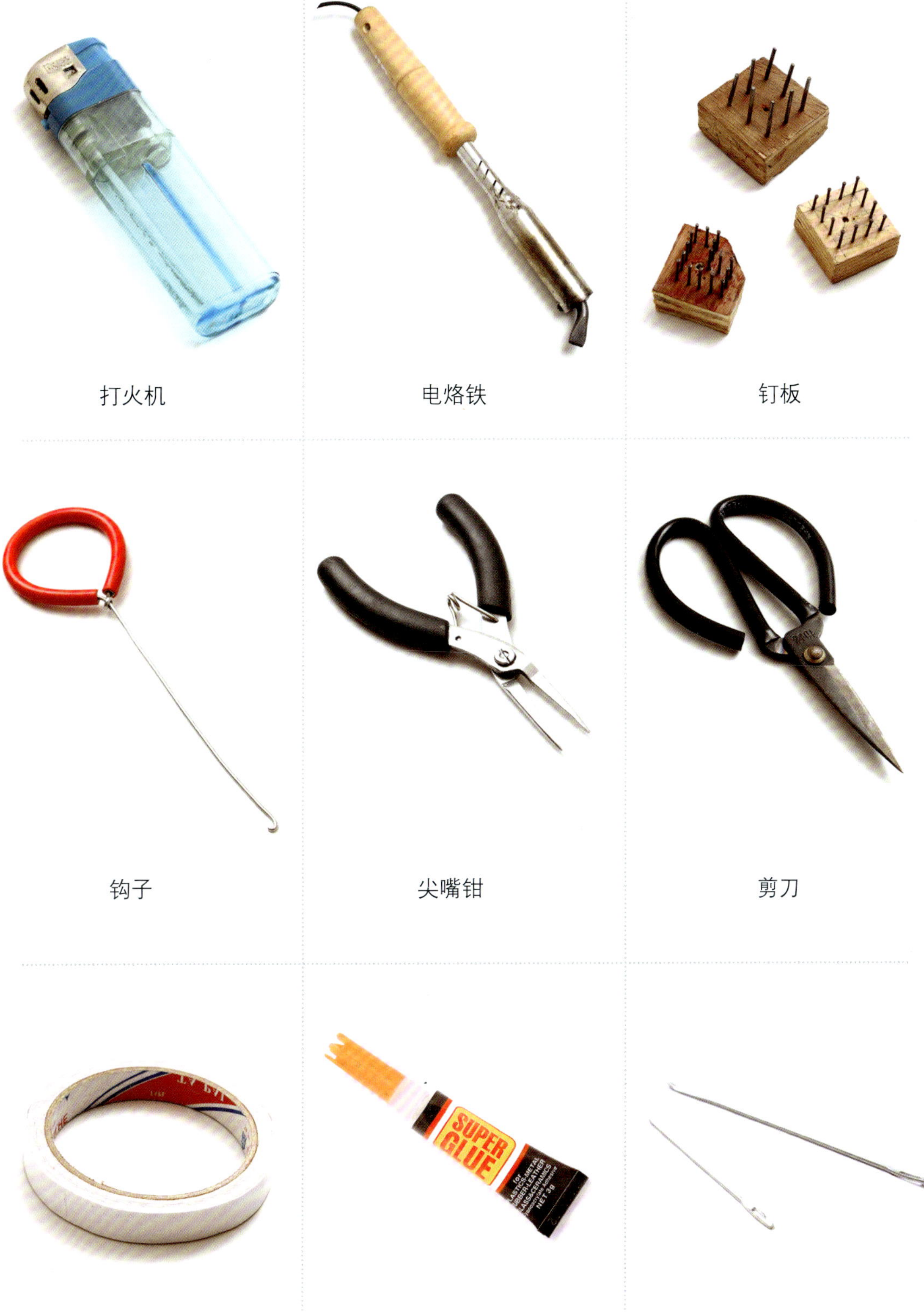

打火机

电烙铁

钉板

钩子

尖嘴钳

剪刀

双面胶

胶水

套色针

常用配件

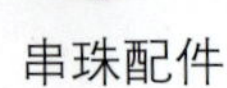
串珠配件

景泰蓝

琉璃

玛瑙

蜜腊

陶瓷

天珠

玉石

金属配件

水晶

交趾陶

手机挂饰

放飞梦想

材料与工具

90厘米A玉线3根，150厘米A玉线1根，景泰蓝珠1颗，小饰珠8颗。

制作过程

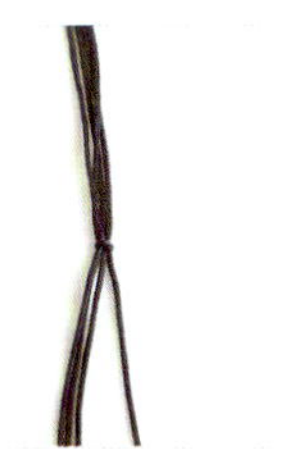

1. 用150厘米A玉线包住3根90厘米A玉线编1个单结。

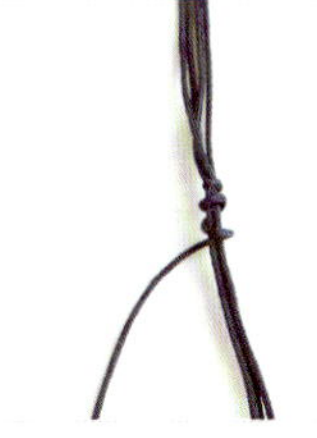

2. 如图，开始用150厘米A玉线绕线。

3. 绕线至12厘米，编1个单结。

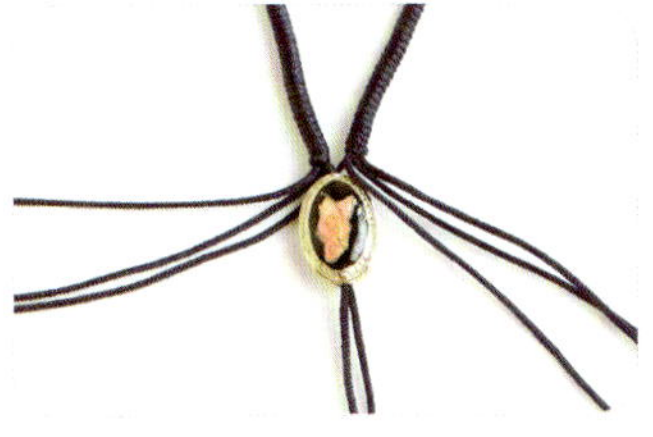

4. 如图，对折后两根90厘米A玉线同串入1颗景泰蓝珠。

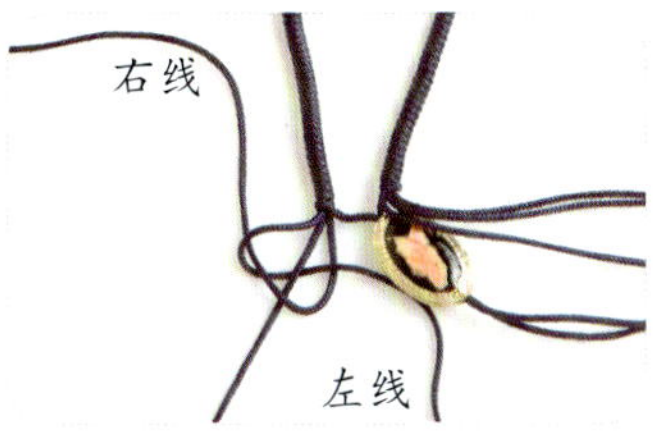

5. 左侧以任意一段线为中心线，左线挑中心线、压右线，右线压中心线、挑左线，开始编双向平结。

6. 拉紧左右两段线。

7. 左线压中心线、挑右线，右线挑中心线，压左线。

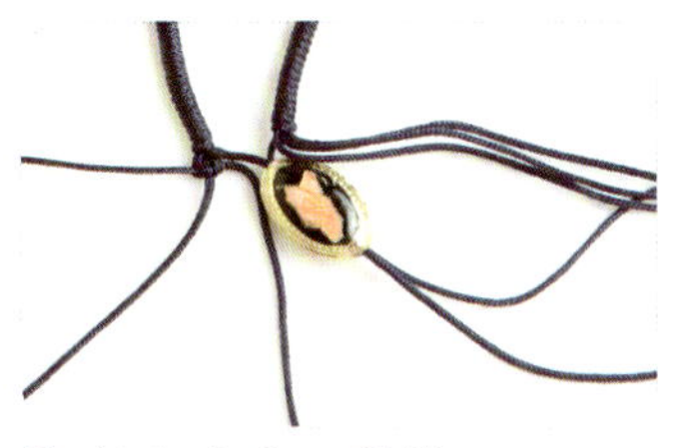

8. 拉紧左右两段线。

9. 重复步骤5~8，编8个双向平结。

10. 右侧同法编8个双向平结。

11. 用左右两侧的双向平结包住景泰蓝珠，用任意线绕线1厘米。

12. 如图，每段线各串入1颗小饰珠，并编1个单结。

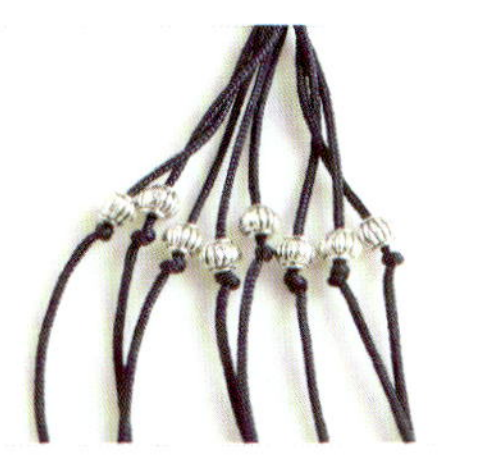

13. 其他线同样串入小饰珠，编单结。

14. 处理好线尾，完成。

节节高升

材料与工具

100厘米红色A玉线2根，100厘米白色A玉线1根，珠子若干。

制作过程

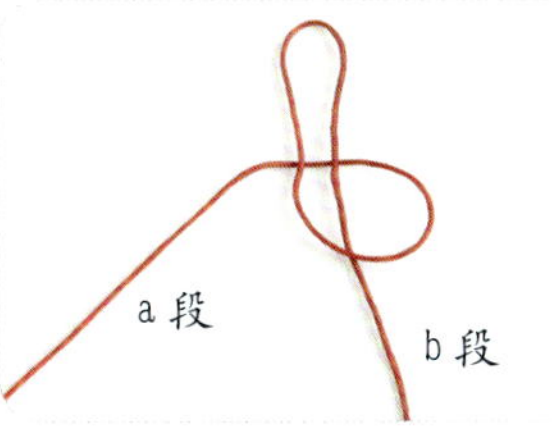

1. 将1根100厘米红色A玉线对折，留5厘米，a段如图压挑，开始编1个双联结。

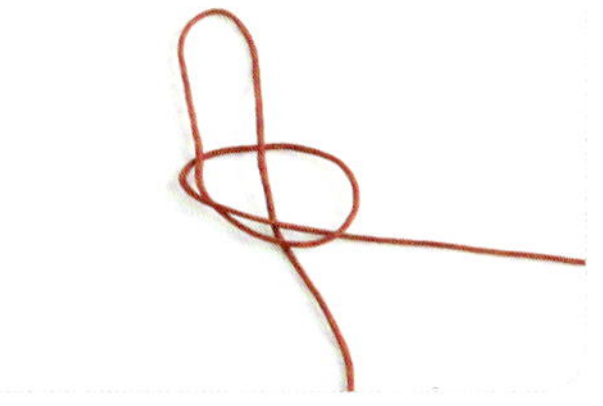

2. a段如图压2线，挑1线。

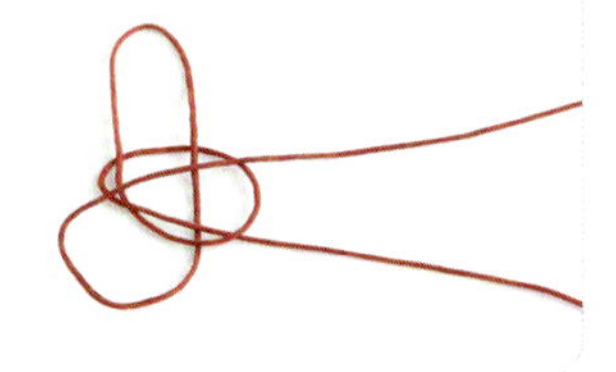

3. b段如图向上绕。

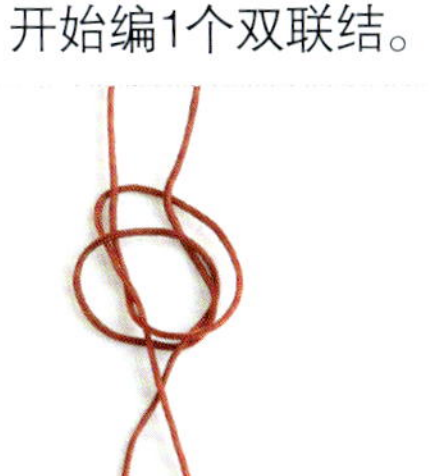

4. b段如图压3线，挑2线。

5. 拉紧，调整好结体，完成1个双联结。

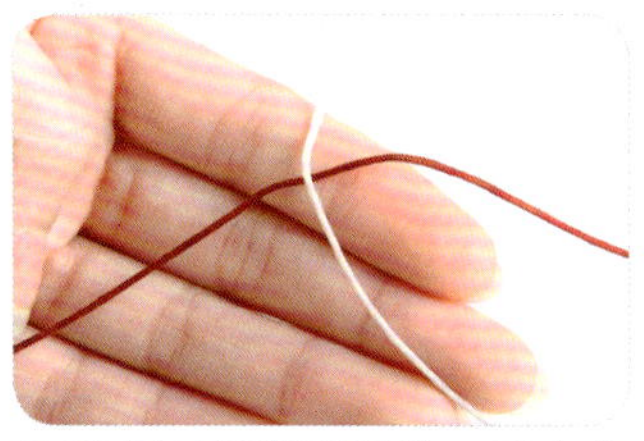

6. 取另外两根A玉线，呈十字交叉叠放，开始编玉米结。

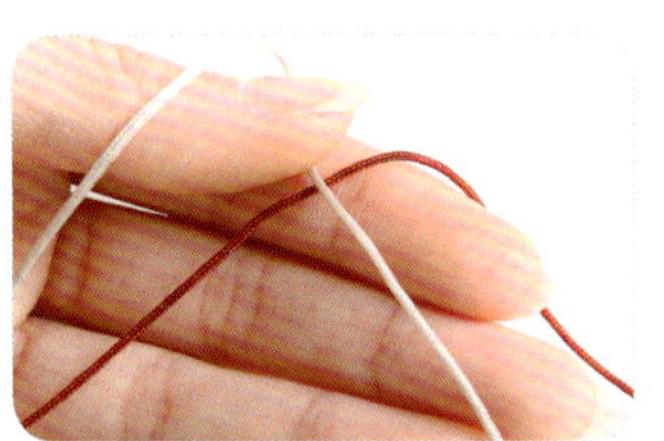

7. 将白色线的一端向下绕。

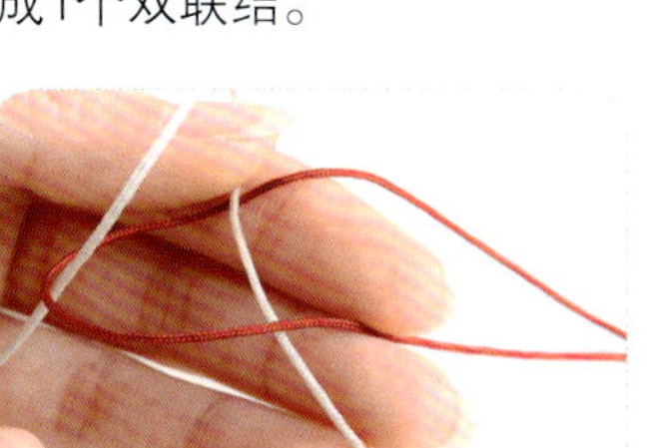

8. 将红色线的一端向右绕。

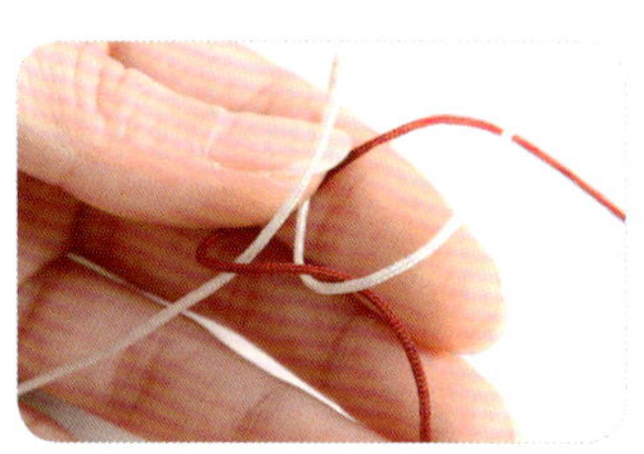

9. 将白色线的另一端向上绕。

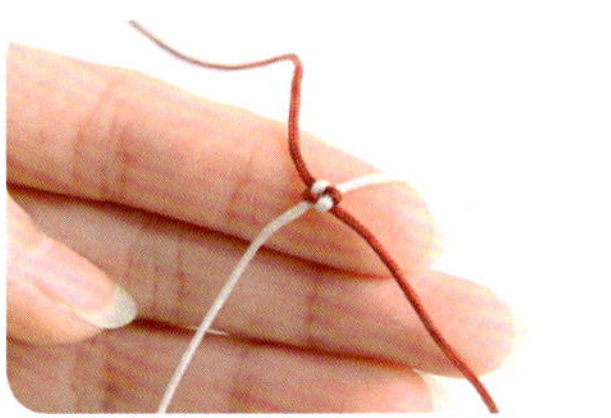

10. 拉紧，完成1个玉米结。

11. 将编好双联结的红色线穿入编好的玉米结中作为中心线。

12. 包着中心线继续编玉米结。

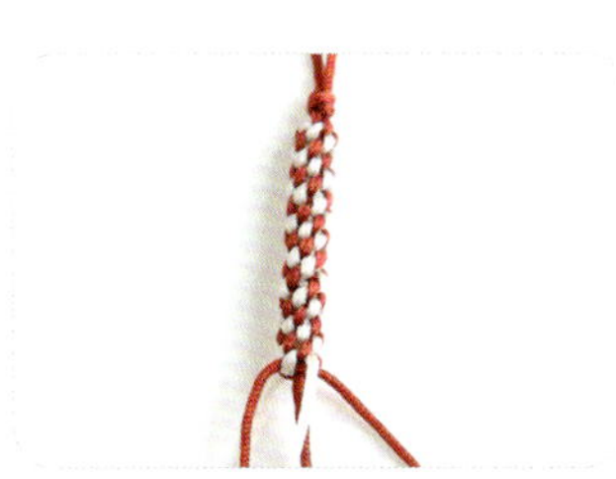

13. 编至5厘米长。

14. 其中四段线分别串入7颗珠子，编单结；另两线同串入1颗椭圆长珠，编1个双联结，再分别串入1颗珠子，编单结。

15. 处理好线尾，完成。

天长地久

材料与工具

120厘米A玉线1根，蝴蝶配饰1个，景泰蓝珠4颗，钉板，钩子。

制作过程

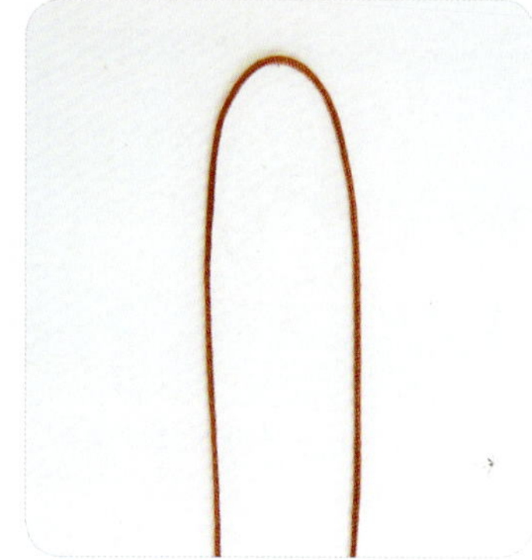

1. 将120厘米A玉线对折。

2. 编1个双联结。

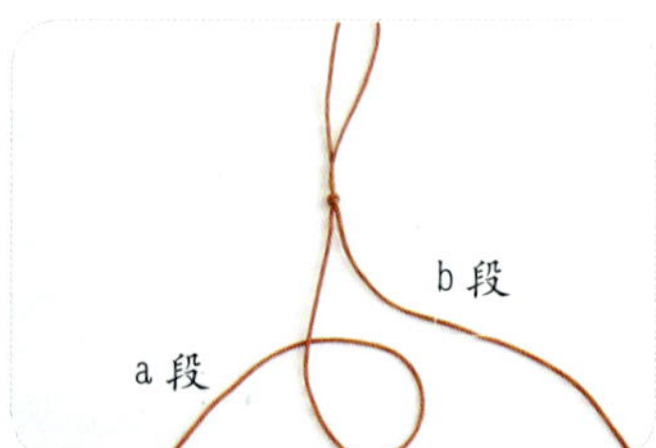

3. a段如图绕1个圈。

4. 将b段如图压a段绕成的圈，挑a段。

5. b段如图挑压a段及a段绕成的圈。

6. 拉好b段，形成如图形状。

7. 拉紧两段线，整理结体，完成1个双钱结。

8. a、b两段线各隔一段合适的距离，各编1个双钱结。

9. 上钉板，开始编复翼盘长结。

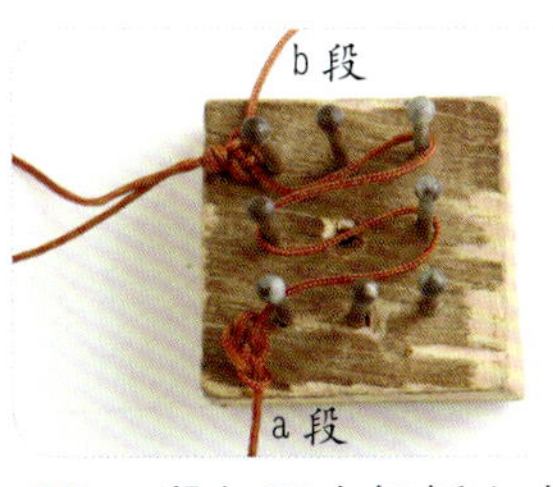

10. a段如图在钉板上走线，将双钱结调整到左下角。

11. b段如图挑压a段，在钉板上走线，将双钱结调整到右上角。

12. a段包着各行横线走两行纵线。

13. a 段继续如图压线、走线。

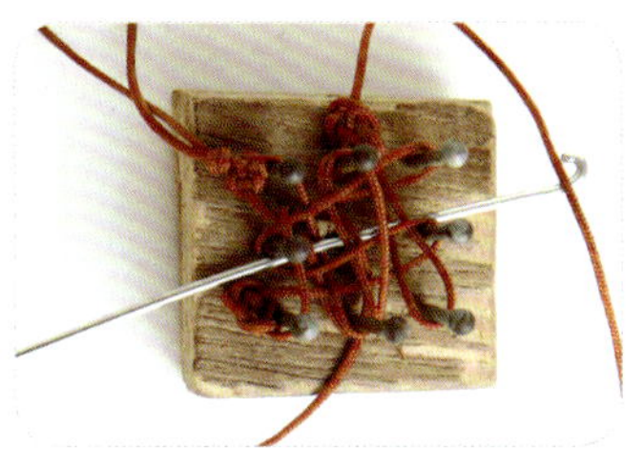

14. 钩子挑 2 线，压 1 线，挑 3 线，压 1 线，挑 1 线，钩住 b 段并拉出。

15. b段挑第二、第四行b纵线走向右。

16. 重复步骤14~15的做法。

17. 从钉板上取出结体。

18. 调整好结体。

19. 在结体下面再编1个双钱结。

20. 编1个双联结。

21. 两线同串入1个蝴蝶配饰，在下面编1个双联结。

22. 两线如图各串入两颗景泰蓝珠，编1个单结。

23. 处理好线尾，完成。

吉祥功德

材料与工具

120 厘米 A 玉线 1 根，股线 2 根，头绳 1 根，菠萝扣 1 个，珠子若干。

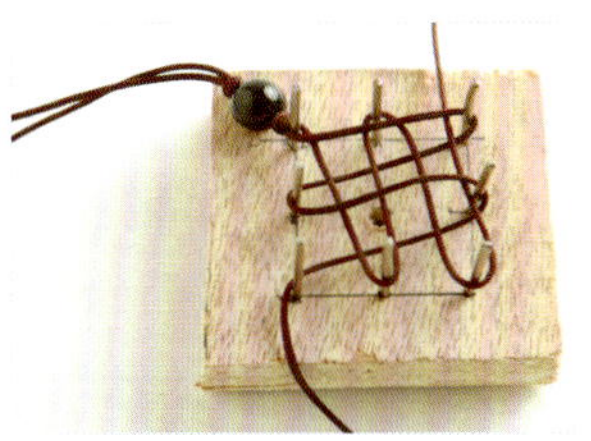

6. 如图再走3行纵线。

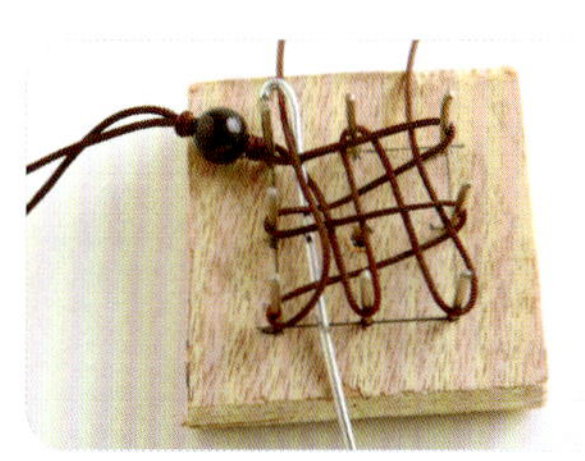

7. 将a段往上拉，钩子如图挑压，钩住a段并拉出。

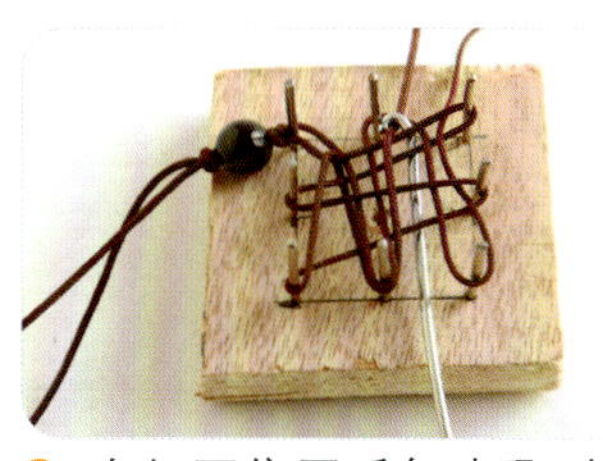

8. 在如图位置重复步骤7的做法。

（9-1）

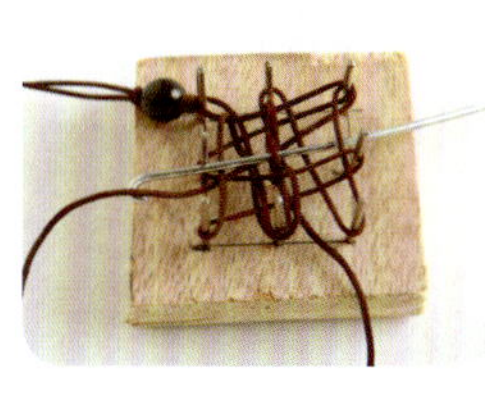

（9-2）

（9-3）

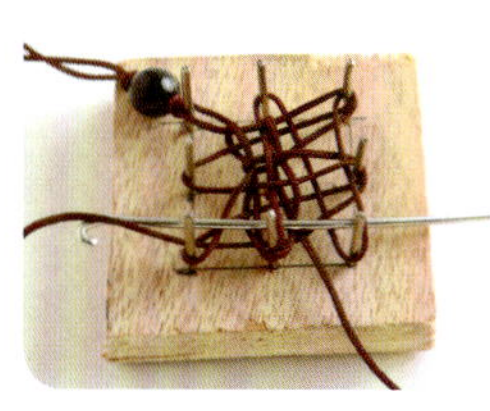

（9-4）

9. 借助钩子，完成六耳盘长结余下部分。

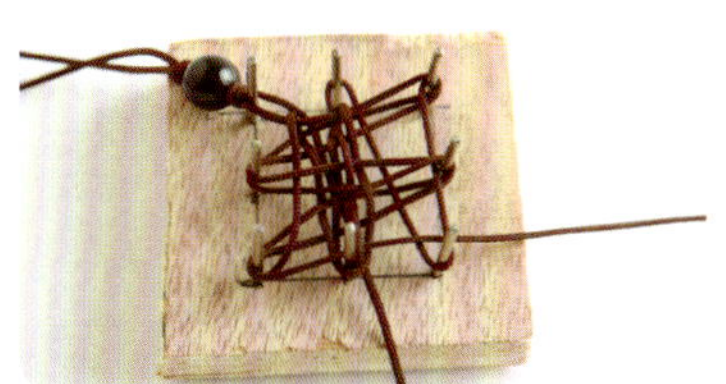

10. 完成六耳盘长结走线。

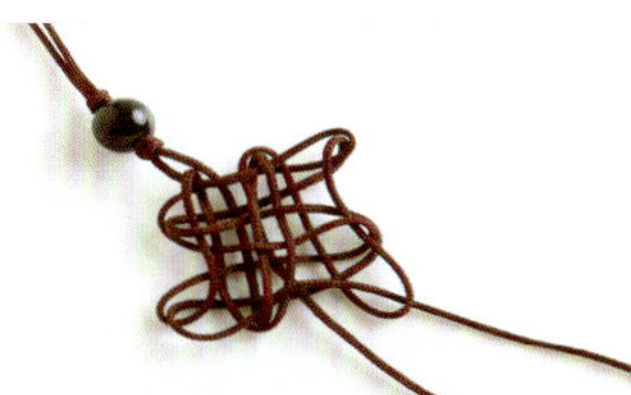

11. 从钉板上取出结体。

12. 拉紧线，留出如图耳翼。

13. 调整好结体。

14. 在六耳盘长结下方编1个双联结。

15. 两段线如图串入珠子，并编1个双联结。

16. 各留出5厘米，再串入珠子，编1个单结结尾。

17. 处理好线尾，完成。

金玉满堂

材料与工具

240厘米红色、白色A玉线各1根，30厘米金线1根，菠萝扣1个，钉板，钩子，套色针。

制作过程

1. 取红色A玉线对折，上部留出5厘米，编1个双联结。

2. 上钉板，a段如图走4行横线。

3. b段如图走4行纵线。

4. a段如图压挑4行横线。

5. 如图走完a段。

6. 钩子如图挑压，钩住b段并拉出。

7. 继续用钩子走完b段。

8. 完成1个六耳盘长结。

9. 从钉板上取出结体。

10. 调整好结体。

11. 在六耳盘长结下面编1个双联结。

12. 用套色针穿金线，如图穿过六耳盘长结的结体。

13. 继续穿金线作装饰。

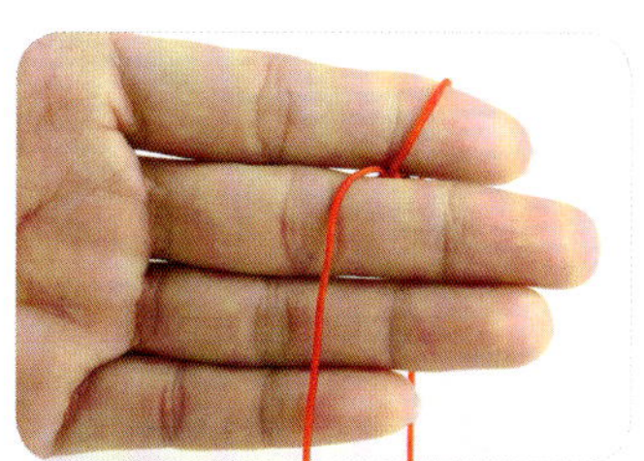

14. 红色余线如图放置在食指与中指中间。

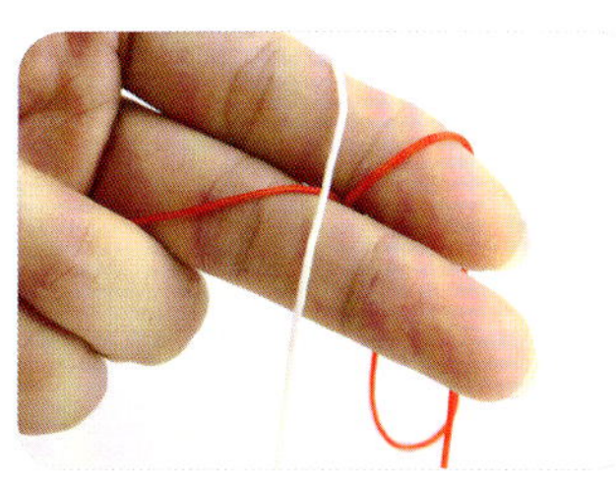

15. 加1根白色线，与红色线呈十字交叉叠放。

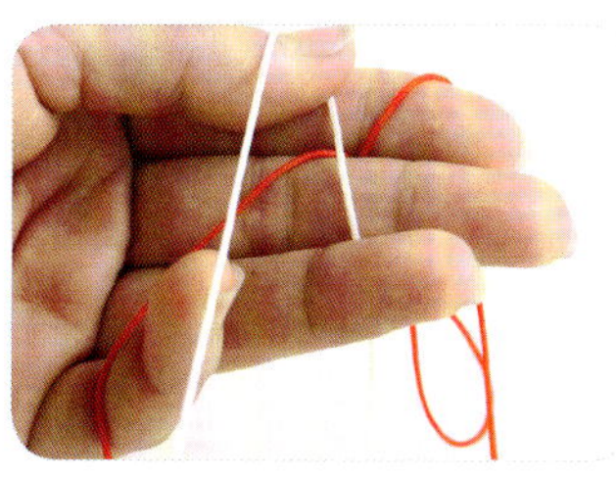

16. 将白色线上半段往下拉，开始编玉米结。

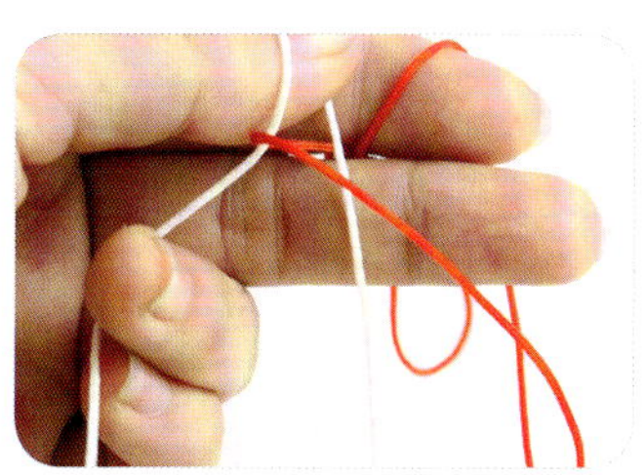

17. 将红色线左半段往右拉。

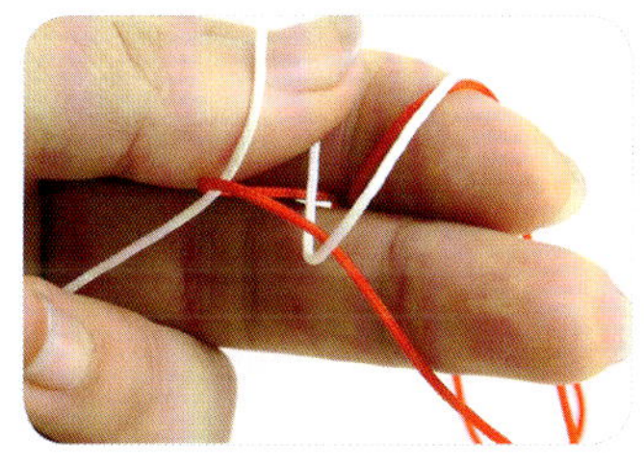

18. 将白色线下半段往上拉。

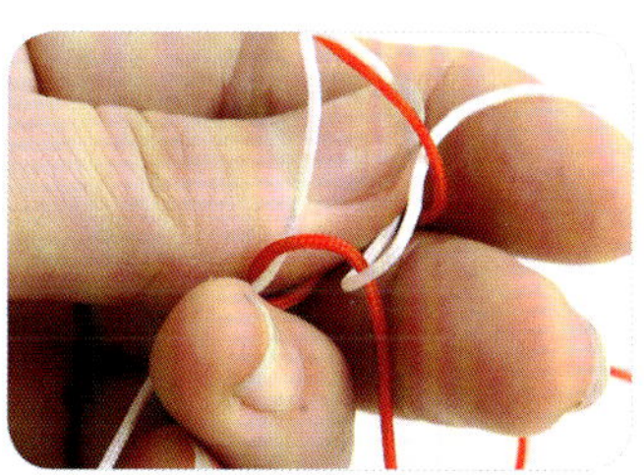

19. 将红色线右半段往左拉。

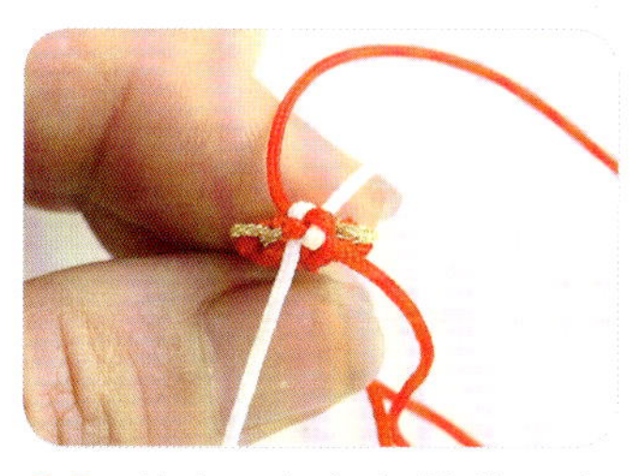

20. 拉紧4个方向的线，完成1个玉米结。

21. 重复编玉米结至合适长度。

22. 对折，套入菠萝扣。

23. 编1个单结。

24. 处理好线尾，用菠萝扣套住单结，完成。

吉庆

材料与工具

120厘米红色A玉线2根，粉色股线1根，珠子若干，钉板，钩子。

制作过程

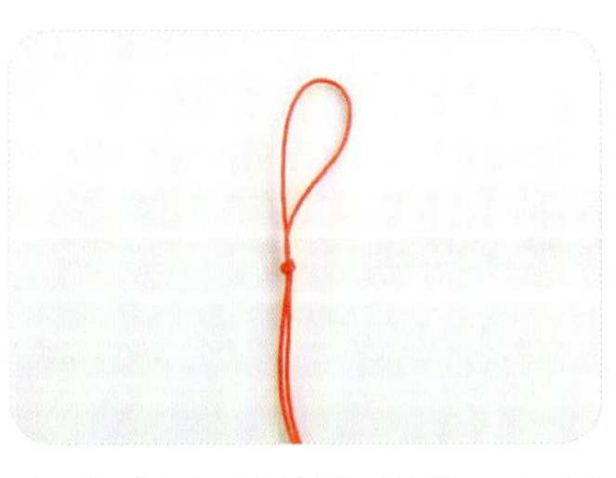

1. 取红色A玉线对折，上部留出5厘米，编1个双联结。

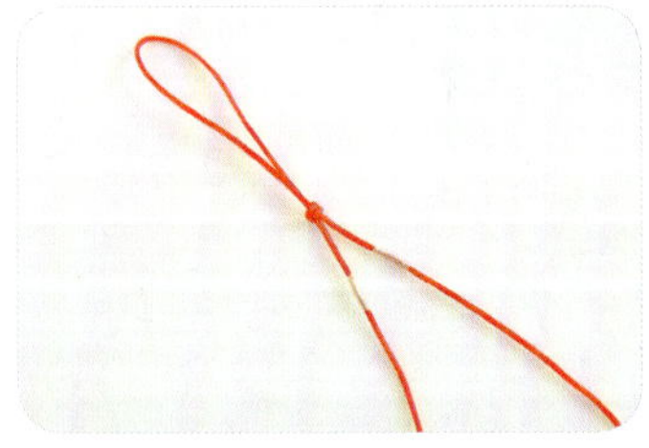

2. 留出2厘米，用粉色股线在A玉线上如图绕线。

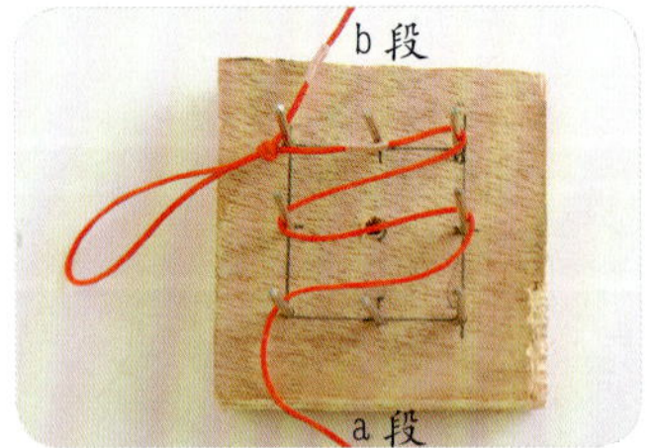

3. 上钉板，a段如图走4行横线。

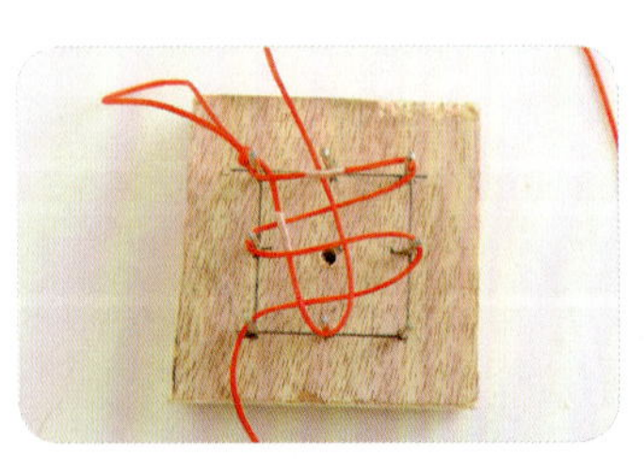

4. b段如图压挑横线，走两行纵线。

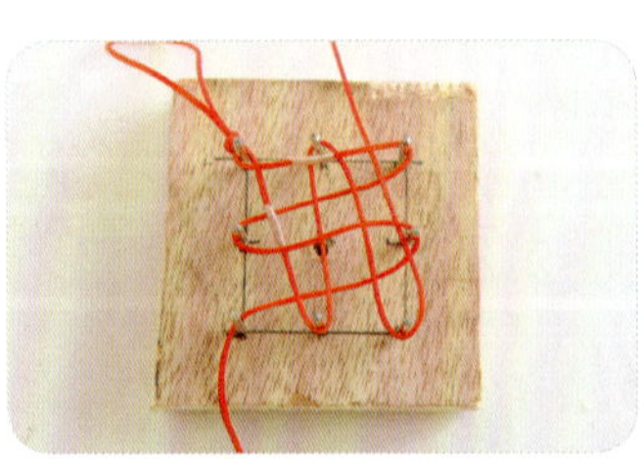

5. b段继续走两行纵线。

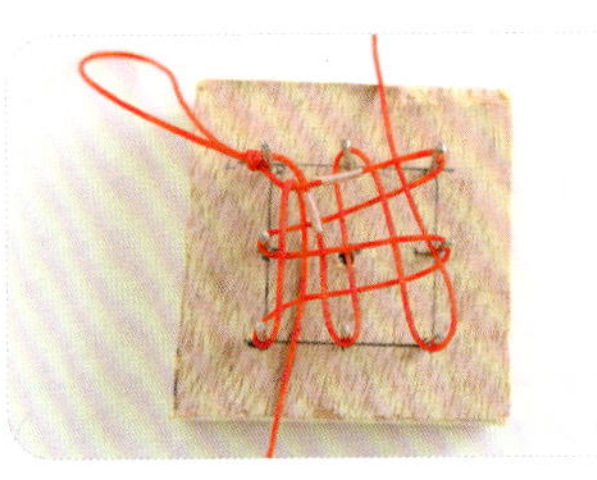

6. a段如图包着4行横线走两行纵线。

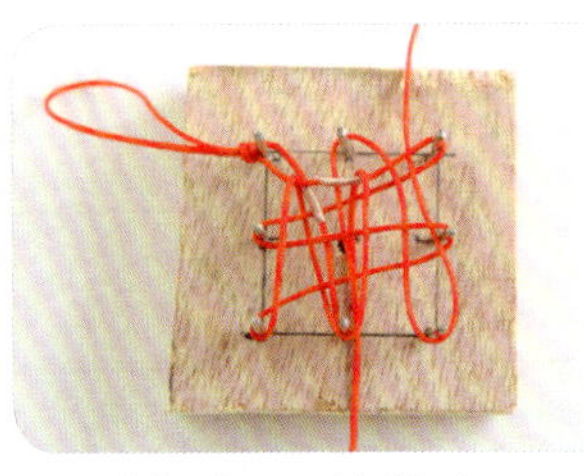

7. 重复步骤6的做法。

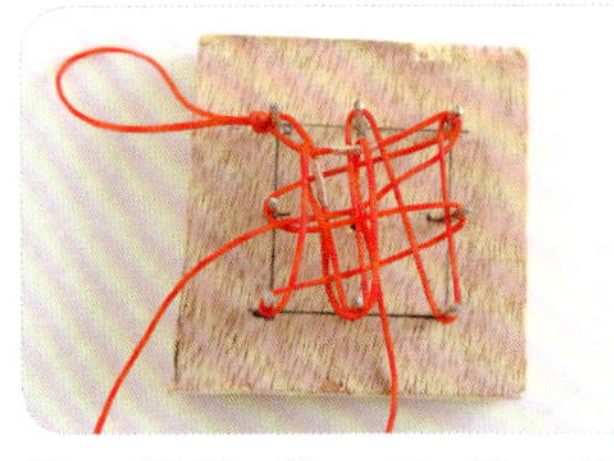

8. b段挑1线，压1线，挑3线，压1线，挑2线走向左。

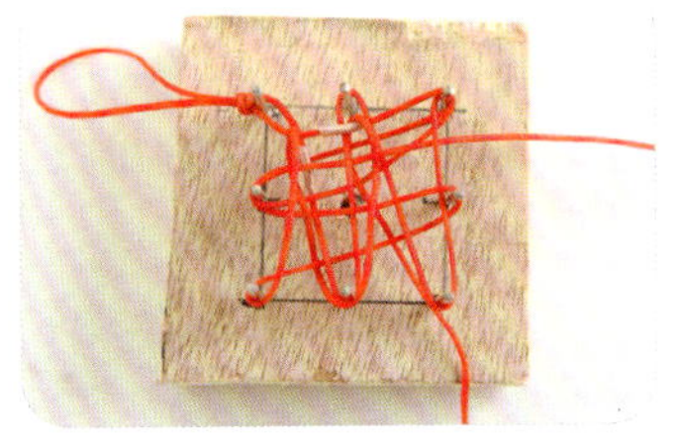

9. b段挑第二、第四条b纵线走向右。

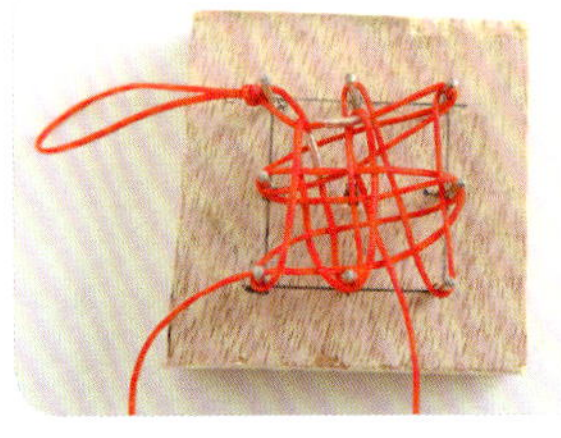

10. 重复步骤8的做法。

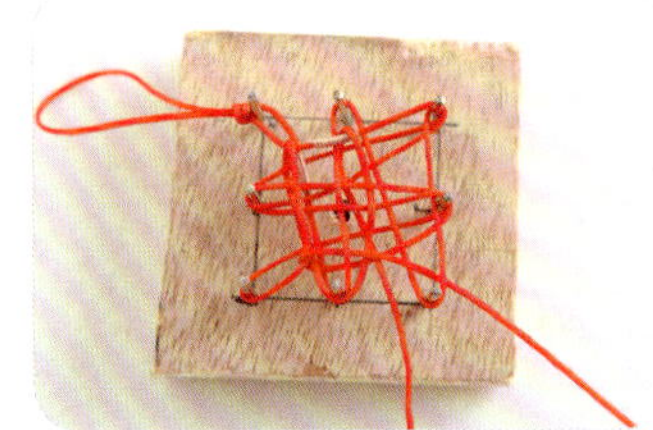

11. 重复步骤 9 的做法。

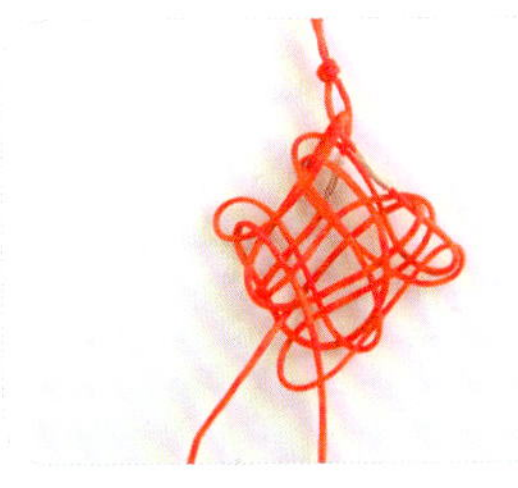

12. 从钉板上取出结体。

13. 调整好结体，拉出6个耳翼，使上方两个耳翼为粉色绕线。

14. 两段线同串入1颗珠子，并在合适的地方用粉色股线绕线。

15. 两段线各穿过六耳盘长结下方的耳翼，编1个酢浆草结。

16. 两段线在酢浆草结的耳翼上再各编1个双环结。

17. 用两段线合在一起编1个三耳酢浆草结。

18. 编1个双联结。

19. 两段线同串入两颗珠子，加1根线编3个玉米结。

20. 四段线分别串入珠子，编单结，剪去线尾，完成。

圣诞

材料与工具

50 厘米 A 玉线 9 根，珠子若干。

制作过程

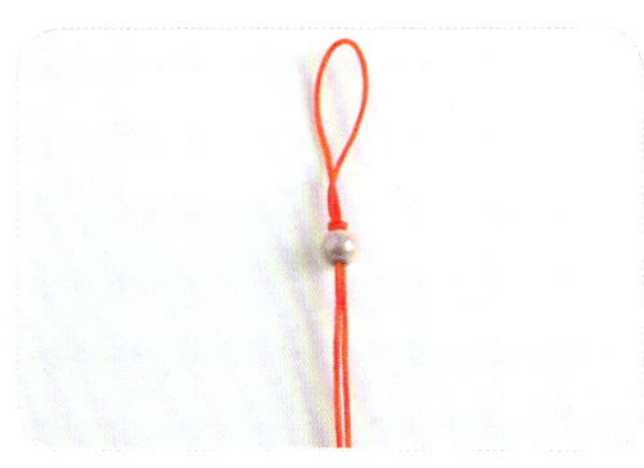

1. 取1根A玉线，留出4厘米，编1个双联结，再串入1颗珠子。

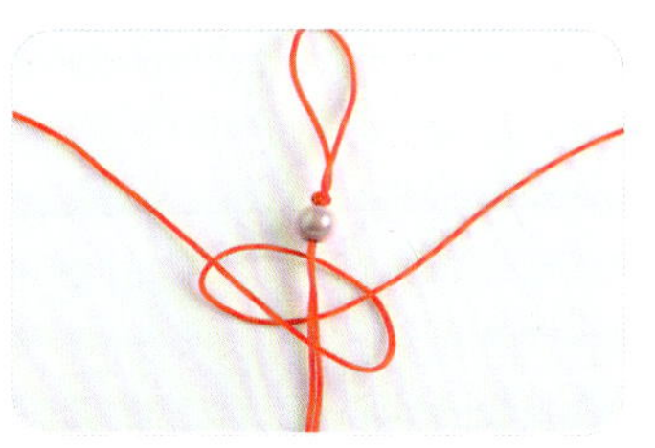

2. 加1根A玉线，开始编双向平结。

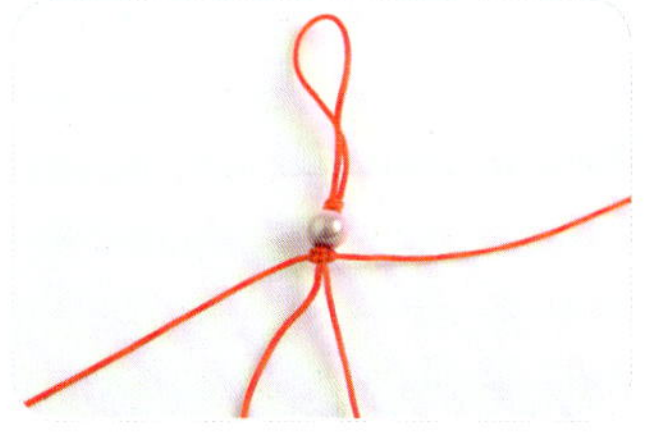

3. 编好1个双向平结。

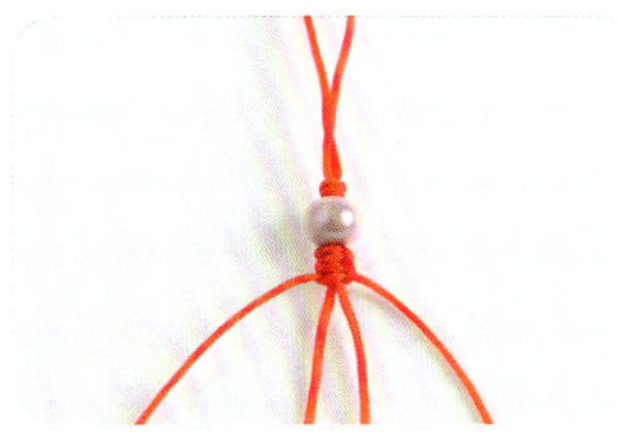

4. 再编1个双向平结。

5. 加1根线，包住左侧两根线，编两个双向平结，右侧同法加线编结。

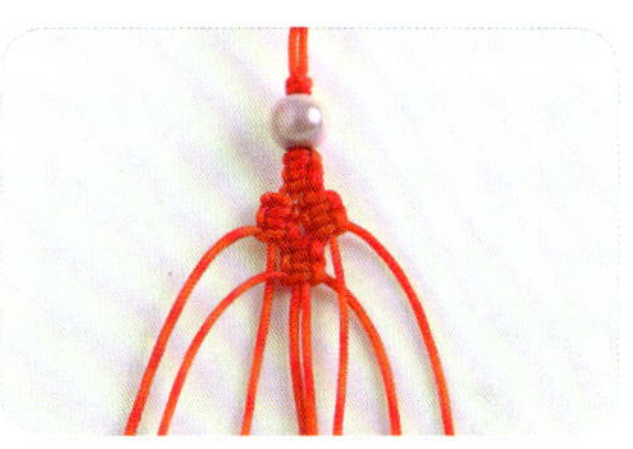

6. 中间的4根线为一组，编两个双向平结。

7. 左右两根线各串入1颗珠子，然后各加1根线，编两个双向平结。

8. 将中间的8根线分为两组，各编两个双向平结。

9. 左右两侧剩余的两根线各串入1颗珠子，然后加线编结。中间的4根线为一组，编两个平结。再留出左右外侧各两根，用4根线编1个平结；中间的8根分为两组，各编两个双向结。

10. 左右两侧的第三、第四根线，分别串入1颗珠子，再将中间的12根线分成三组，各编两个双向平结。

11. 加1根线为中心线，用中间的12根线编12个斜卷结。

12. 剪掉线尾，用打火机略烧，完成。

多福

材料与工具

100 厘米 72 号线 3 根，珠子若干。

制作过程

1. 取1根线对折，留出5厘米左右，编1个双联结，以此线为中心线。

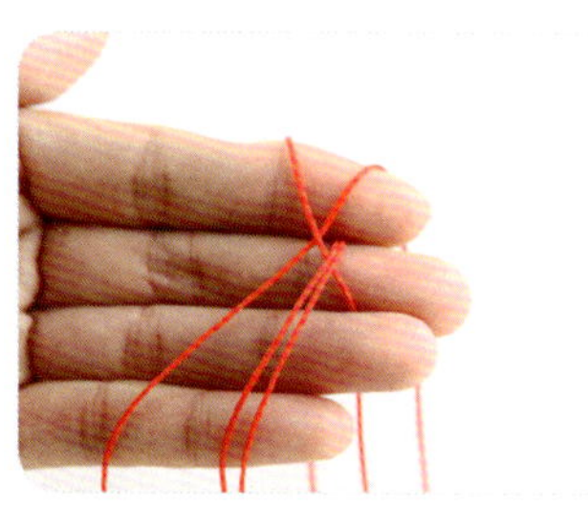

2. 另外取两根线，呈十字交叉叠放。

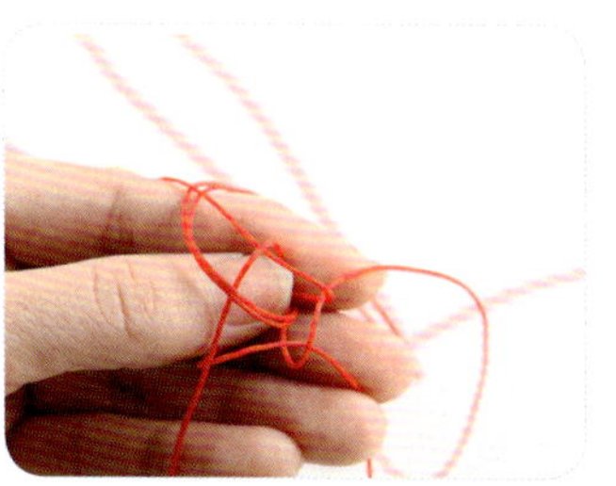

3. 两线绕着中心线，按顺时针方向互相挑压，编1个玉米结。

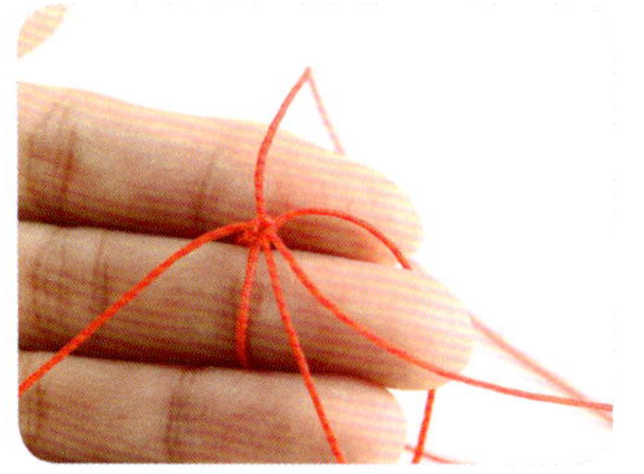

4. 拉紧4个方向的线，完成1个玉米结。

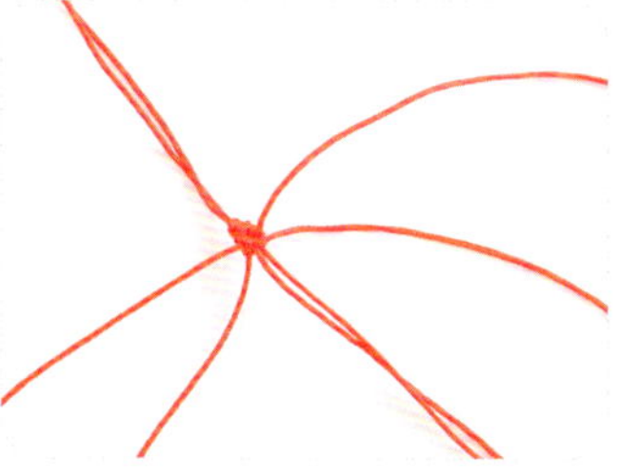

5. 两线按逆时针方向互相挑压，编1个玉米结，再顺时针编1个玉米结（即方形玉米结的编法）。

6. 给中心线串入1颗大珠子，另外四段线如图串珠子。

7. 4段线如图包着大珠子，再包着中心线编方形玉米结，共编6个玉米结。

8. 重复步骤6~7的做法。

9. 剪掉中心线的余线。

10. 如图串珠子，编单结。

11. 其余线同法串珠子，编单结。

12. 处理好线尾，完成。

繁花似锦

100 厘米 72 号线 1 根，珠子 4 颗。

制作过程

1. 将线对折，上部留出4厘米，编3个金刚结。

2. 编1个双耳酢浆草结。

3. 留出合适长度，两段线各编1个三耳酢浆草结。

4. 如图编1个玉米结。

5. 翻面，再编1个玉米结，并整理好结体。

6. 编1个双耳酢浆草结。

7. 编1个金刚结。

8. 右线如图绕出4个圈，开始编团锦结。

9. 左线绕出1个圈，套进右线绕出的左边的两个圈中。

10. 左线压2线，挑2线，压2线，挑4线，穿出右线形成的圈。

11. 左线如图继续压2线，挑2线，压4线，挑3线，向左穿出。

12. 调整好结体，完成1个团锦结。

13. 编1个金刚结。

14. 两段线各串入两颗珠子，编1个单结。

15. 处理好线尾，完成。

井然有序

材料与工具

80厘米4号韩国丝1根，30厘米A玉线2根，股线2根，菠萝扣1个。

喜上眉梢

材料与工具

90 厘米红色、黄色 A 玉线各 1 根，彩色环 1 个，珠子若干。

制作过程

1. 将红色线对折，留出约5厘米，编1个双联结。

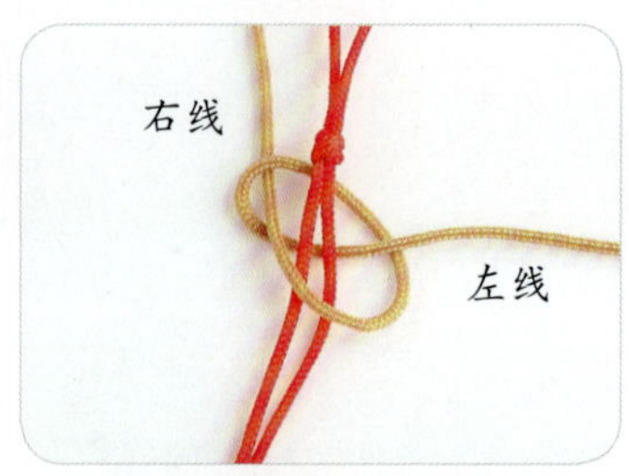

2. 加黄色线，以红色线为中心线，左线挑中心线、压右线，右线压中心线、挑左线。

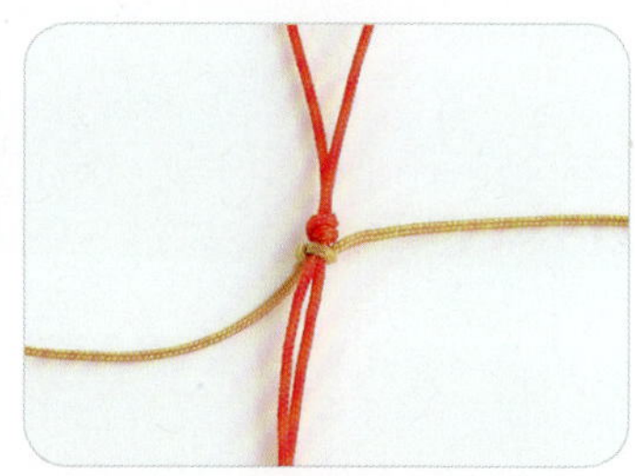

3. 拉紧黄色线，编好1个单向平结。

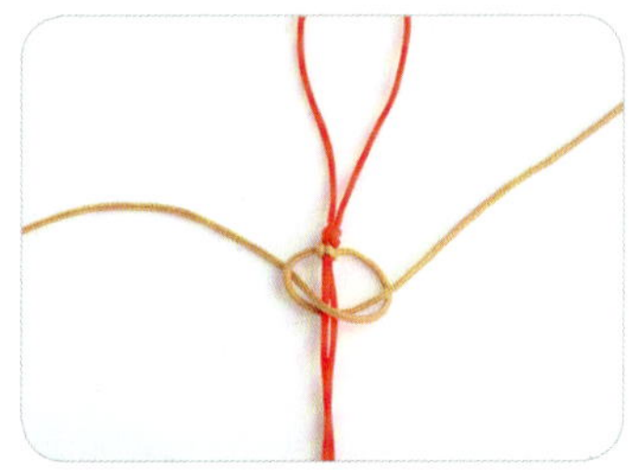

4. 左线挑中心线、压右线，右线压中心线、挑左线。

5. 拉紧黄色线。

6. 再编两个单向平结。

7. 给中心线串入1颗珠子。

8. 黄色线包着珠子，再编1个单向平结。

9. 继续编3个单向平结。

10. 中心线如图串入彩色环和珠子。

11. 将珠子置于彩色环中间位置，中心线一上一下包住彩色环。

12. 黄色线如图包着彩色环编1个单向平结。

13. 包着珠子编1个单向平结。

14. 包着彩色环编1个单向平结后再编3个单向平结。

15. 右侧的黄色线绕着中心线的一段编1个雀头结。

16. 拉紧黄色线。

17. 重复步骤15的做法。

18. 拉紧黄色线，完成1个雀头结。

19. 重复步骤15~18的做法，再编1个雀头结。

20. 给中心线串入1颗珠子，黄色线编两个雀头结。重复此做法1次。

21. 中心线串入1颗珠子，编1个单结。

22. 另一侧同法串入珠子，编雀头结和单结。

23. 处理好线尾，完成。

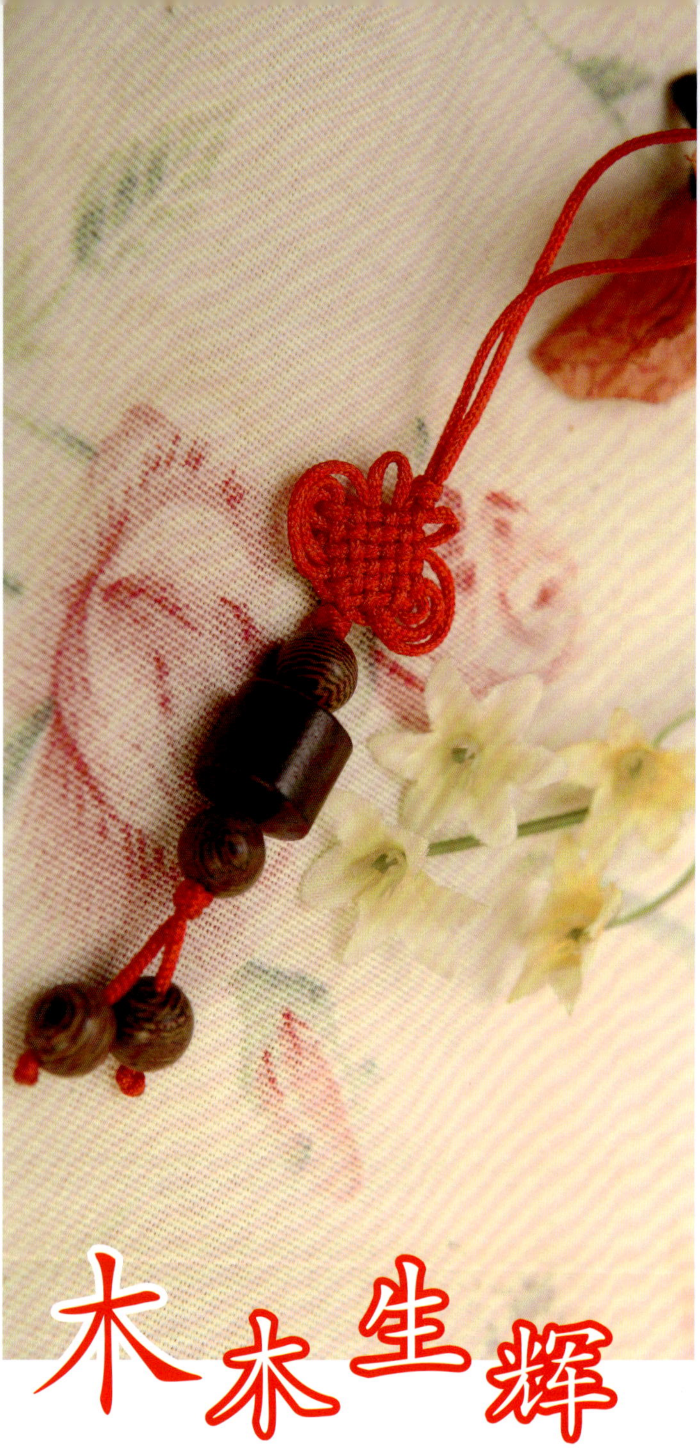

材料与工具

110厘米A玉线1根，檀香珠若干，钉板，钩子。

制作过程

1. 将A玉线对折，留出约5厘米，编1个双联结。

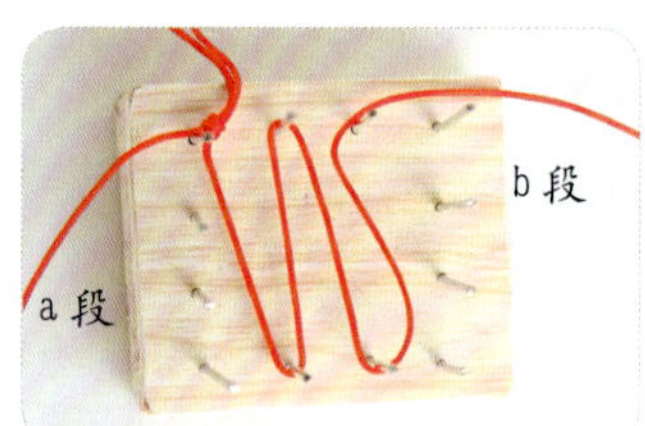

2. 上钉板，b段如图绕出4行纵线。

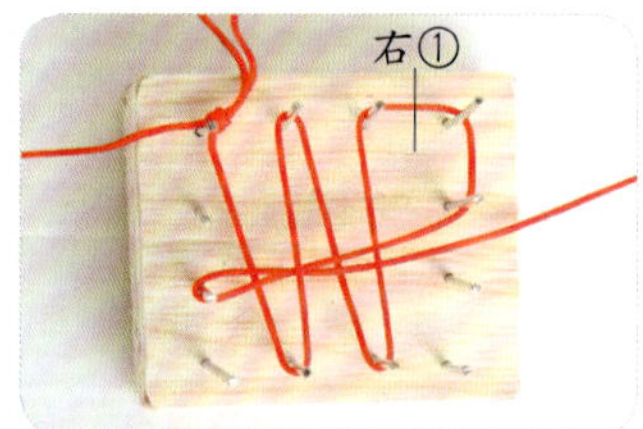

3. b段如图绕出右边第一个耳翼右①，然后挑第二、第四行纵线，走两行横线。

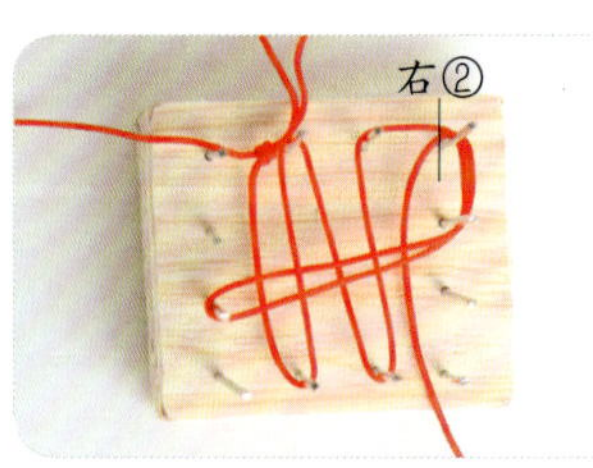

4. b段如图在右①内绕出右②。

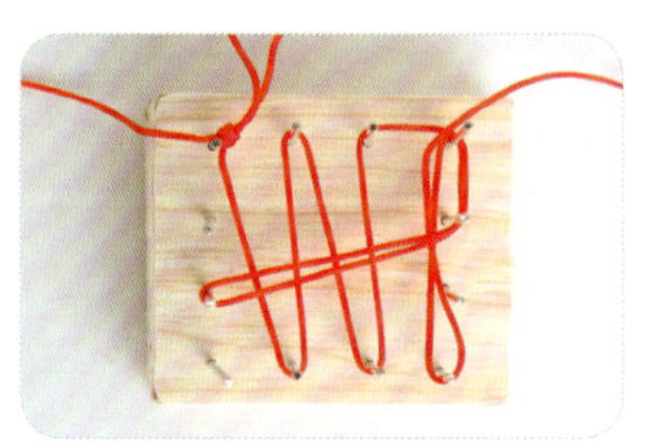

5. b段如图走出第五、第六行纵线。

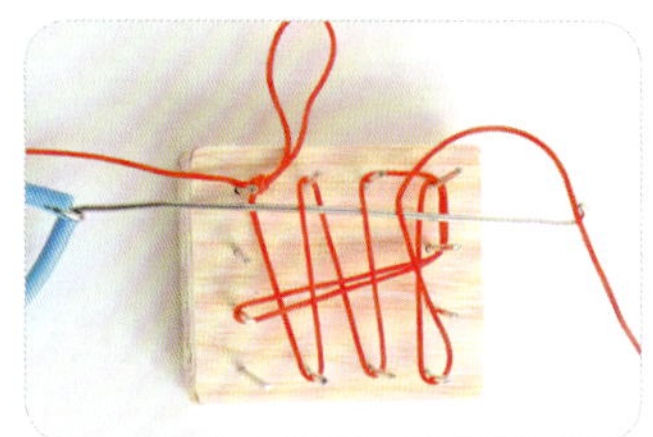

6. 钩子压1线，挑1线，压1线，挑2线，钩住b段。

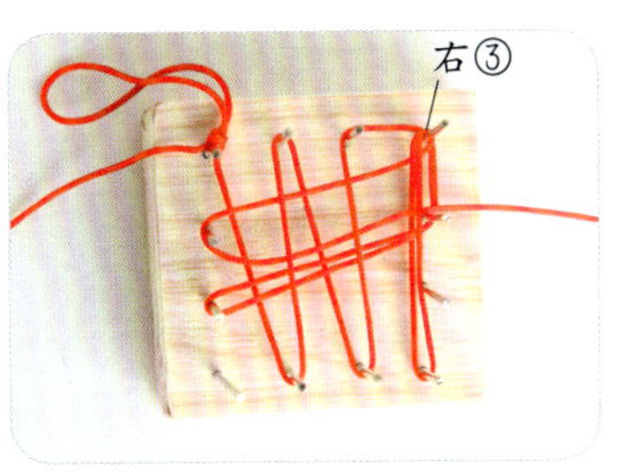

7. b段绕出耳翼右③后如图再走1行横线。

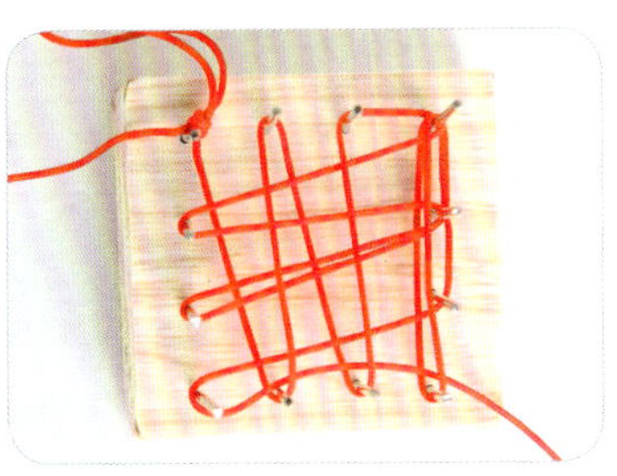

8. 仿照步骤6~7的做法，b段再走两行横线。

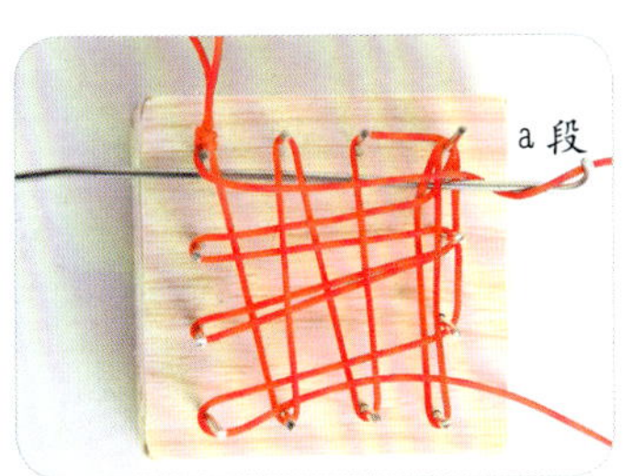

9. 把a段拉向左，钩子从6行纵线下面伸过去，钩住a段。

10. 将a段向左拉出。

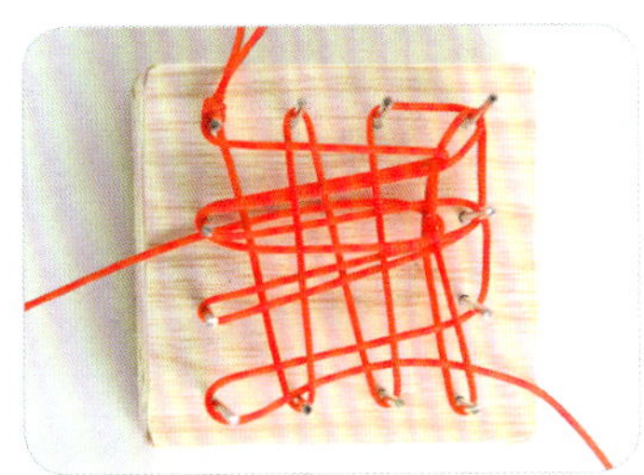

11. 重复步骤9~10的做法，用a段再走两行横线。

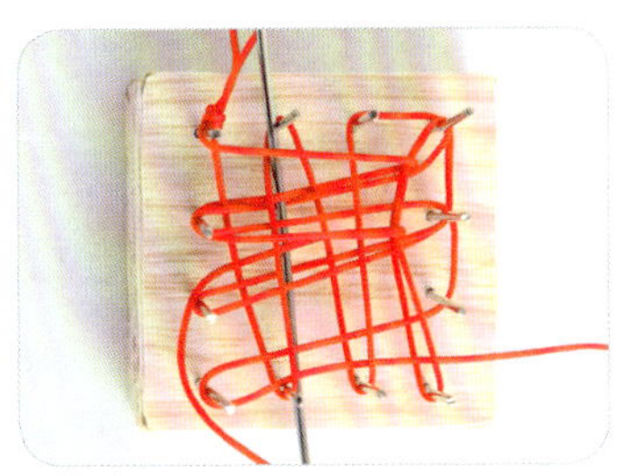

12. 钩子如图挑2线，压1线，挑3线，压1线，挑3线，钩住a段。

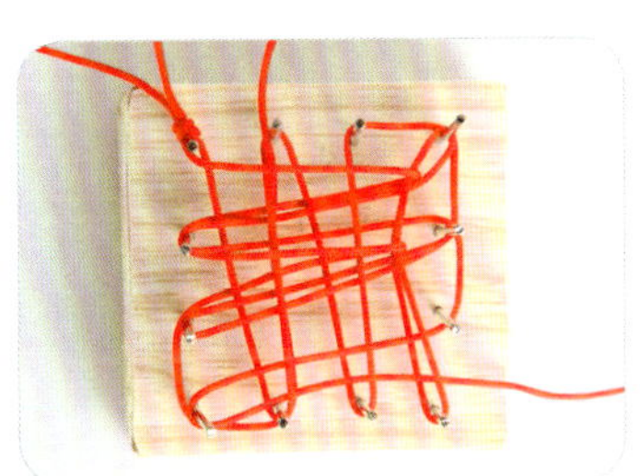

13. 将a段向上拉出。

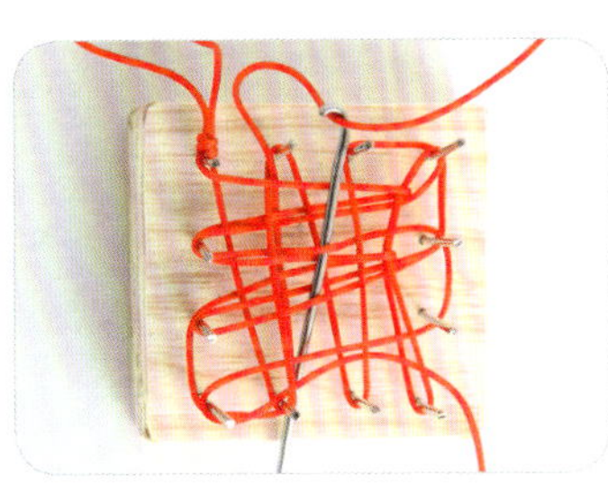

14. 钩子如图挑3线，压3线，挑1线，压3线，钩住a段。

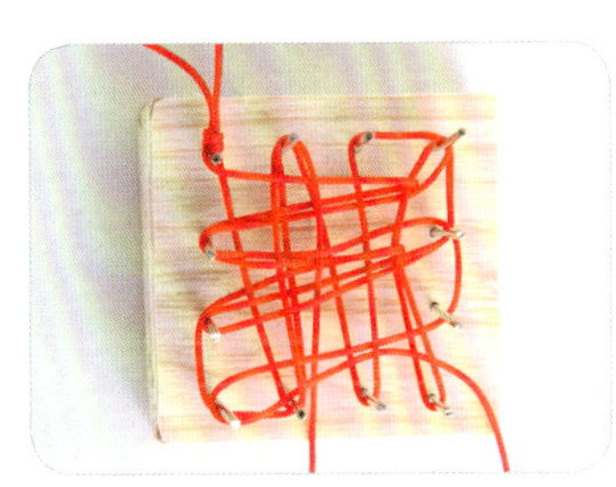

15. 将a段向下拉出。

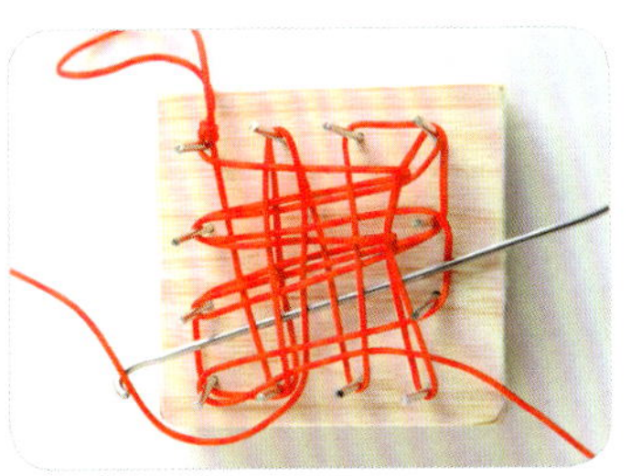

16. 钩子如图压挑纵线，钩住a段。

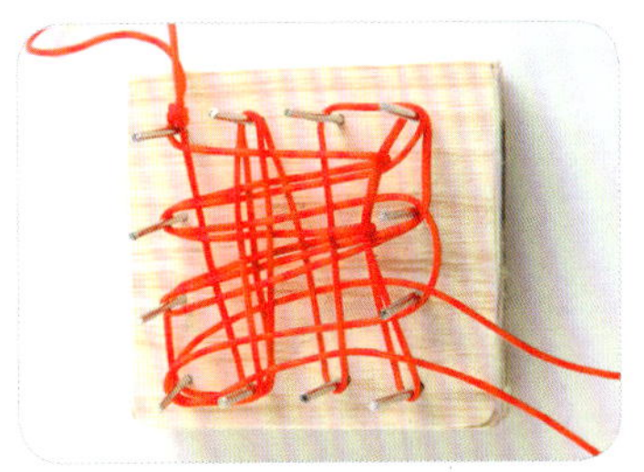

17. 将a段向右拉出。

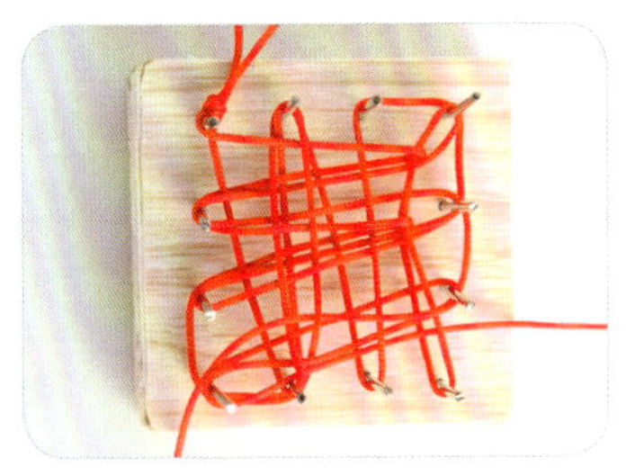

18. a段如图挑第四行纵线，向左走线。

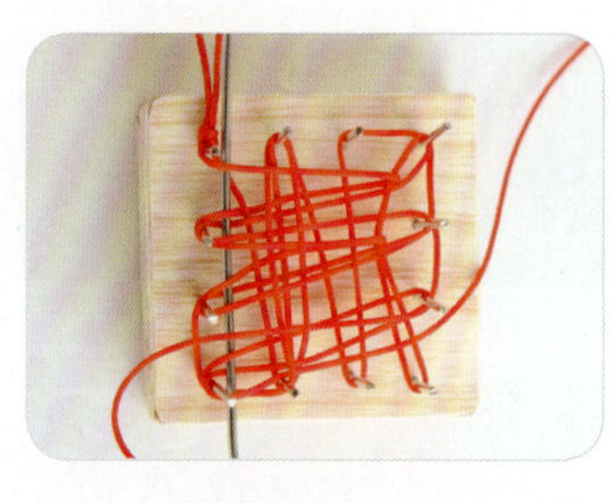

19. 钩子挑2线，压1线，挑3线，压1线，挑3线，压1线，挑1线，钩住a段。

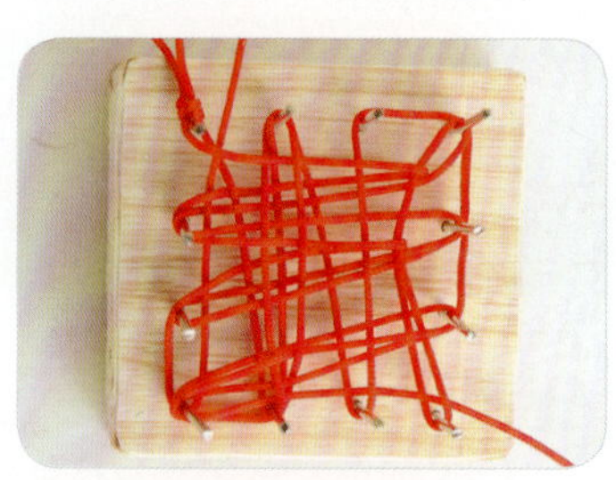

20. 将a段向上拉出。

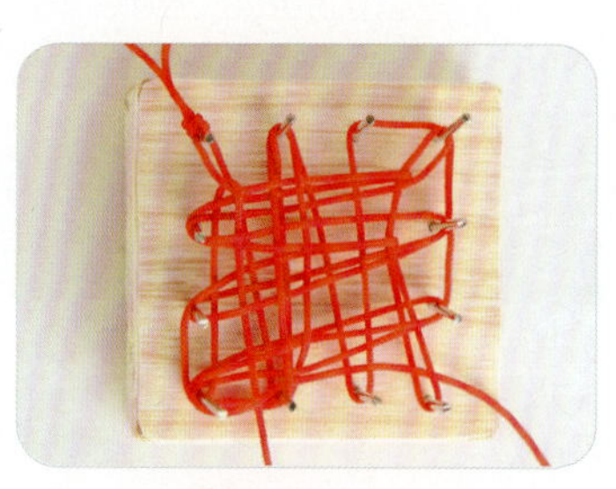

21. a段如图压挑，向下走线。

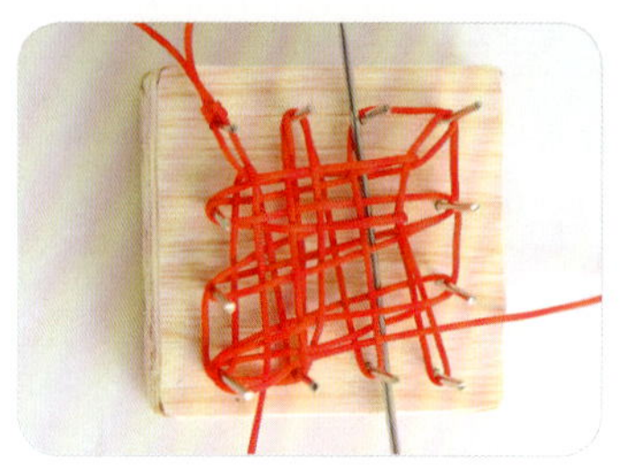

22. 重复步骤19的做法。

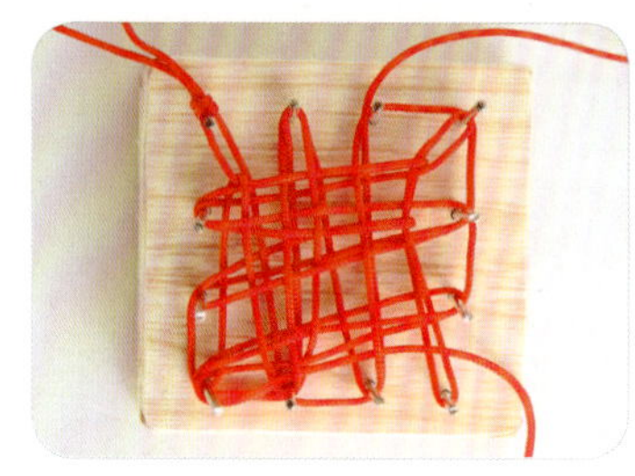

23. 将a段向上拉出。

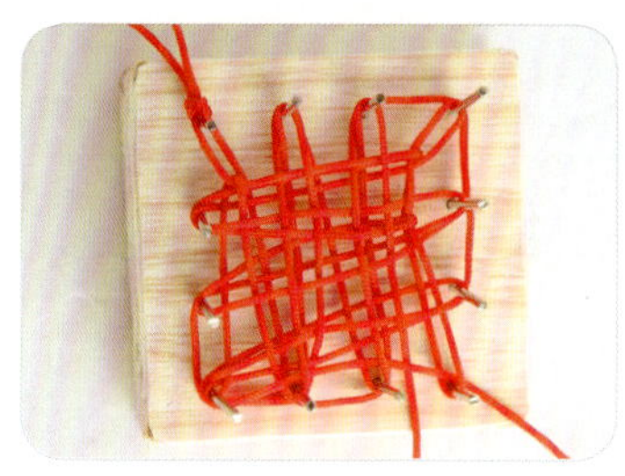

24. a段如图压挑各行横线，向下走线。

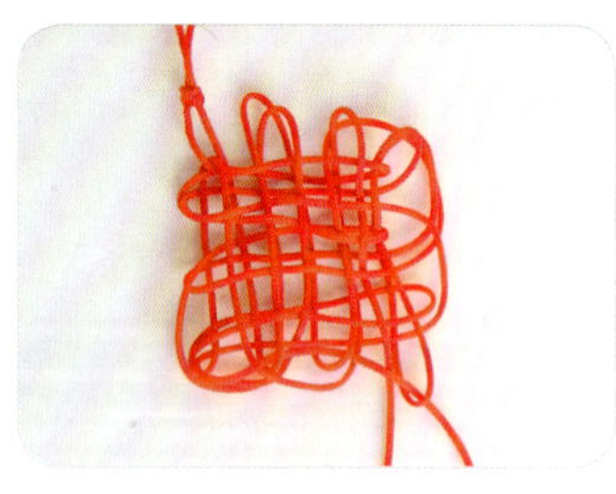

25. 从钉板上取出结体。

26. 调整好结体，确定并拉出耳翼，完成1个复翼盘长结。

27. 在复翼盘长结下面编1个双联结。

28. 依次串入檀香珠，并编1个双联结。

29. 两段线如图串入檀香珠，编1个单结。

30. 处理好线尾，完成。

包包挂饰

缠绵

材料与工具

150厘米5号线1根，金线1根，股线1根，流苏管1颗，流苏线1束，钉板，钩子，套色针。

制作过程

1. 取5号线对折，留适当长度后编1个双联结。

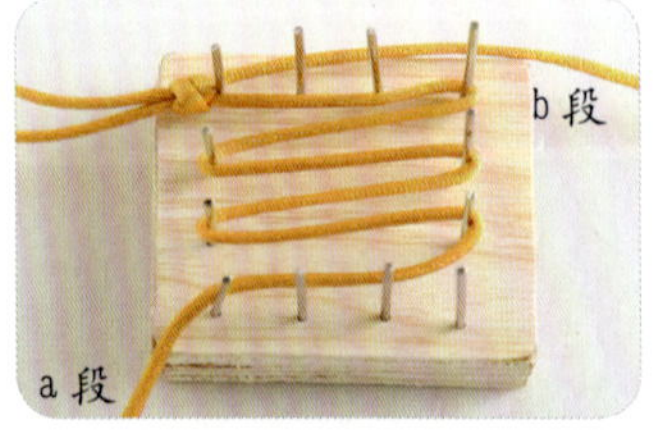

2. a段在钉板上走6行横线。

2. 编1个酢浆草结。

3. 两段线各留适合的长度，各编1个酢浆草结。

4. 两段线合在一起编1个酢浆草结。

5. 再编1个双联结。

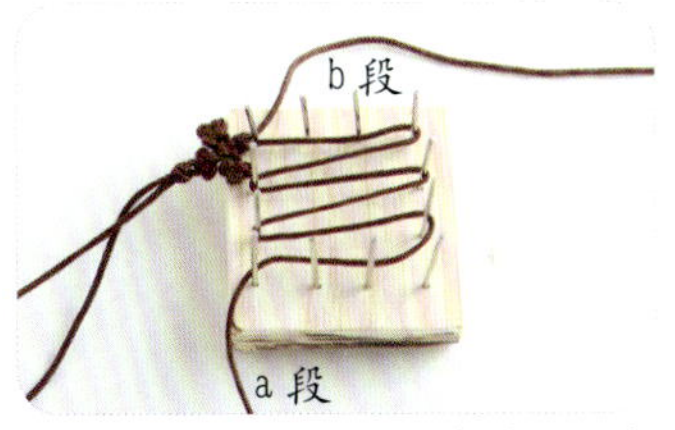

6. 上钉板，a段在钉板上走6行横线。

7. b段如图在6行横线中间走6行纵线。

8. a段如图压挑6行横线，走两行纵线。

9. a段如图再走4行纵线。

10. 完成盘长结接下来的步骤（详细做法可参考本书第39页）。

11. 从钉板上取出结体。

12. 调整好结体。

13. 剪掉线尾，用打火机略烧。

14. 将两段尾线穿入耳翼。

15. 各串入1颗珠子。

16. 各穿1个流苏，编两个单结，剪线，完成。

独一无二

材料与工具

30厘米A玉线5根，头绳1根，金线、绕线2根，股线若干，流苏1条。

制作过程

1. 将头绳用打火机略烧后对接成圈。

2. 用股线包着对接处绕一段约1厘米的线。

3. 加1根A玉线。

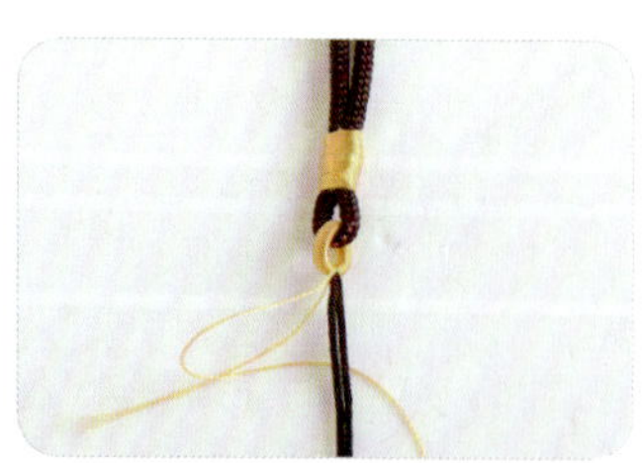

4. 拉圈（详细做法可参考本书第13页）。

5. 处理好线尾。

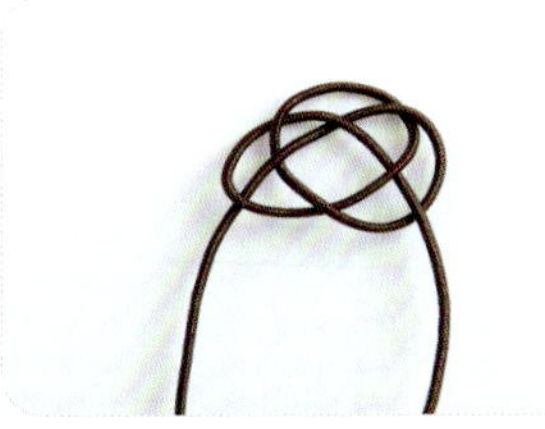
6. 取1根绕线，如图编1个双线双钱结。

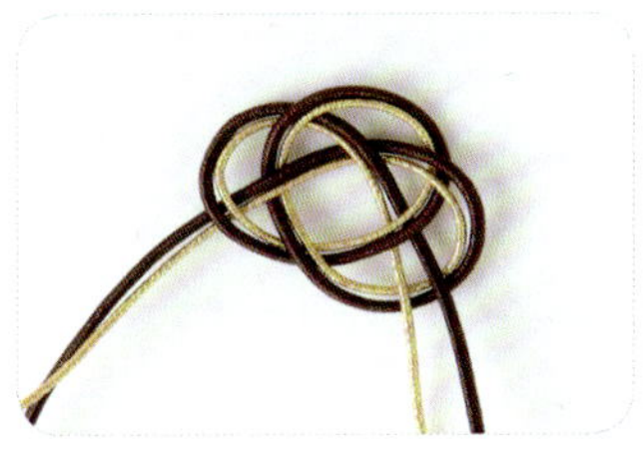
7. 走1根金线。

8. 再走1次金线。

9. 拉紧线，调整好结体。

10. 同法再编3个双线双钱结。

11. 剪掉线尾，并用打火机略烧后对接成四方形。

12. 同法再做1个双线双钱结组成的四方形配件。

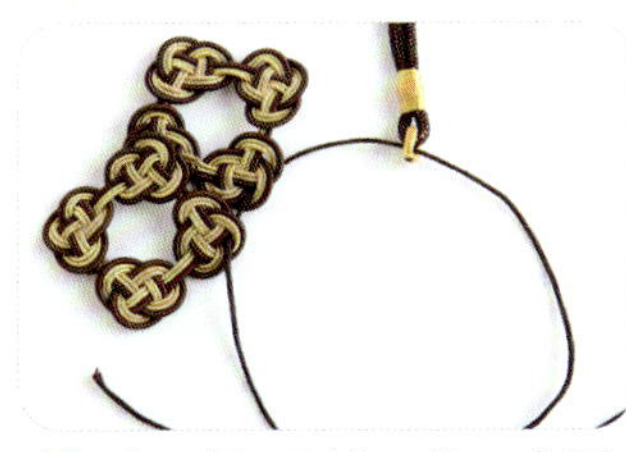
13. 加1根A玉线，将四方形配件和拉圈连接起来。

14. 拉圈。

15. 处理好线尾，两个四方形配件上下叠放。

16. 如图再做两个拉圈。

17. 加1根A玉线，依次串入珠子。

18. 用拉圈的余线串入1颗珠子，加1条流苏，编两个单结，剪线。

19. 完成。

如意

材料与工具

120 厘米 A 玉线 1 根，绕线 1 根，股线 1 根，包布 1 段，流苏 2 条，珠子若干。

制作过程

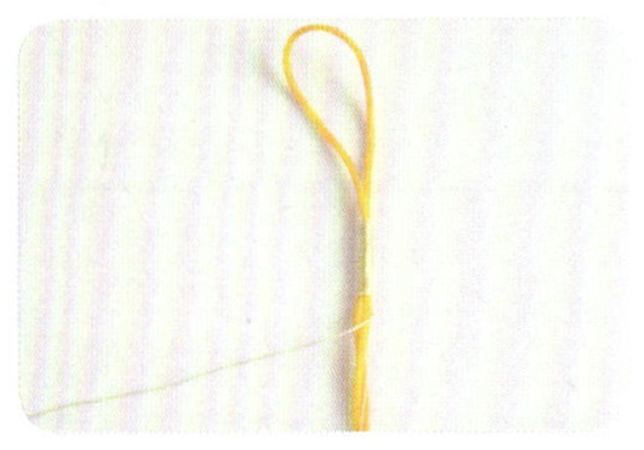

1. 将A玉线对折，用绕线包着A玉线绕一段线。

2. 绕至合适长度。

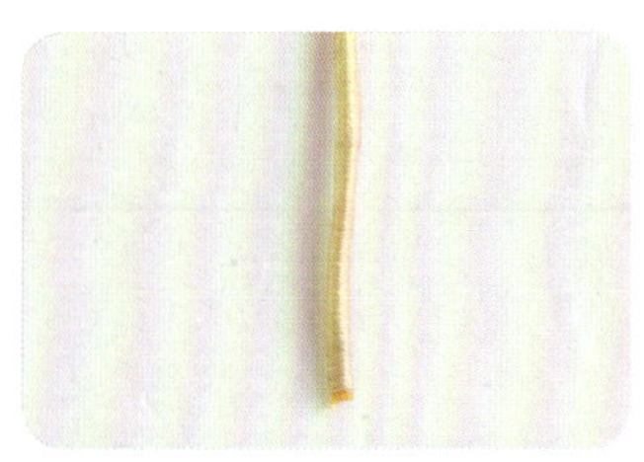

3. 剪掉线尾。

4. 用打火机略烧后对接成圈。

5. 用股线再绕一段线，长度比第一段绕线略长。

6. 同法对接成圈。

7. 将两个线圈如图放置，用包布包起来。

8. 用股线绕8段线。

9. 如图接好圈。

10. 在一端加一段玉线，编1个蛇结。

11. 玉线两端分别串入珠子，加上流苏。

12. 另一端也加一段玉线，编1个蛇结。

13. 如图串入两颗珠子。

14. 完成。

绿意

材料与工具

100 厘米如意扁带 1 根，20 厘米黄色扁带 1 根，线圈 4 个，流苏 1 条，钉板。

制作过程

1. 将如意扁带对折后编1个双联结，在双联结的上方串入两个线圈。

2. 用一段黄色扁带在线圈的上方绕线。

3. a段如图在钉板上走4行横线。

4. b段如图走4行纵线。

5. 完成六耳盘长结接下来的步骤，并从钉板上取出结体。

6. 调整好六耳盘长结的结体，拉出6个耳翼，并在下方编1个双联结。

7. 如图串入两个线圈。

8. 在线圈的下方加1条流苏，完成。

惜福

材料与工具

150厘米A玉线2根，头绳1根，股线2根，流苏1条，粉晶配件1块，包布1段，钉板，钩子。

制作过程

1. 将头绳用打火机略烧后对接起来，在一端粘上1段双面胶，用股线绕合适的长度后再用包布包在外面作为装饰。

2. 加1根A玉线，编1个双联结。

3. 用两段线分别编1个酢浆草结。

4. 将两段线合在一起，编1个酢浆草结。

5. 用其中的一段线在钉板上走线，开始编1个复翼盘长结。

6. 在合适的位置编1个酢浆草结，并将这个酢浆草结调整到钉板右上角的位置。

7. 继续走完这段线（详细做法可参考本书第35页）。

8. 另一段线在钉板上走线（详细做法可参考本书第36页），然后如图编1个酢浆草结，并将酢浆草结调整到钉板左下角的位置。

9. 继续完成复翼盘长结接下来的步骤。

10. 从钉板上取出结体，调整好结体，并拉出耳翼，在下方编1个双联结。

11. 如图用尾线穿过粉晶配件上端的孔，用两条尾线分别包住其余的线编1个单结收尾。

12. 另取1根A玉线对折，编1个双联结，然后用股线如图在这根线的外面绕7段线。

13. 两段线分别编1个酢浆草结，注意拉出酢浆草结的耳翼。

14. 将两段线合在一起编1个酢浆草结，然后再编1个双联结。

15. 如图加流苏，制作好流苏配件。

16. 用A玉线将流苏配件系在粉晶配件的下端，完成。

好运

材料与工具

12 厘米 A 玉线 1 根，流苏 2 条，珠子 3 颗。

制作过程

1. 取A玉线对折。

2. 依次编1个双联结和2个酢浆草结。

3. 两段线同串入1颗珠子，然后将右线套进酢浆草结的1个耳翼中。

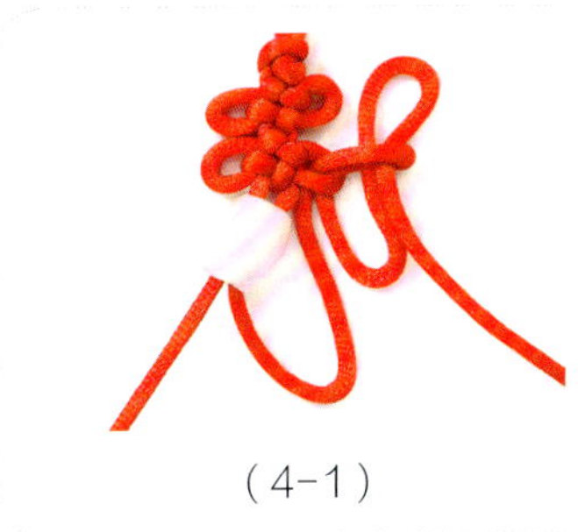

（4-1）

（4-2）

4. 完成酢浆草结接下来的步骤。

5. 将右线套进步骤4完成的酢浆草结的1个耳翼中，开始编双环结。

6. 如图绕线，完成双环结接下来的步骤。

7. 左线同法编酢浆草结和双环结。

8. 用左右两段线在珠子的下端编1个酢浆草结。

9. 左右两段线再各编1个酢浆草结。

10. 把两段线合在一起编1个酢浆草结和双联结。

11. 两条尾线各串入1颗珠子和1条流苏，编两个单结，剪线，完成。

拥抱

材料与工具

150 厘米黄色 A 玉线 1 根，80 厘米红色 A 玉线 1 根，陶瓷珠 2 颗，流苏 2 条，钉板，钩子。

制作过程

1. 取黄色A玉线对折。

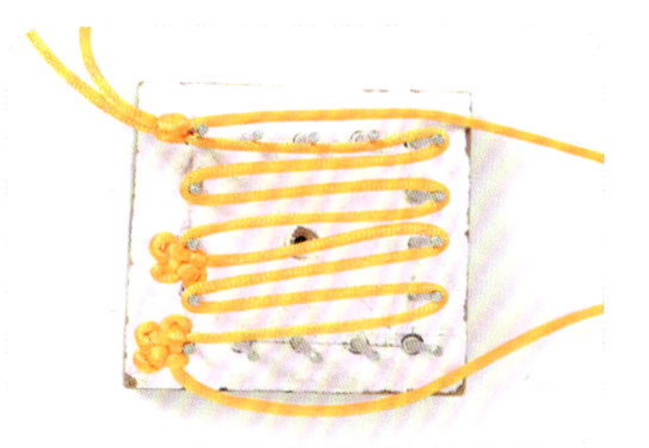

2. 用黄色A玉线编1个双联结，然后用其中的一段线编两个相隔合适长度的酢浆草结，用这段线在钉板上走8行横线，注意调整两个酢浆草结的位置。

3. 另一段线同法编两个酢浆草结，如图在钉板上走8行纵线。

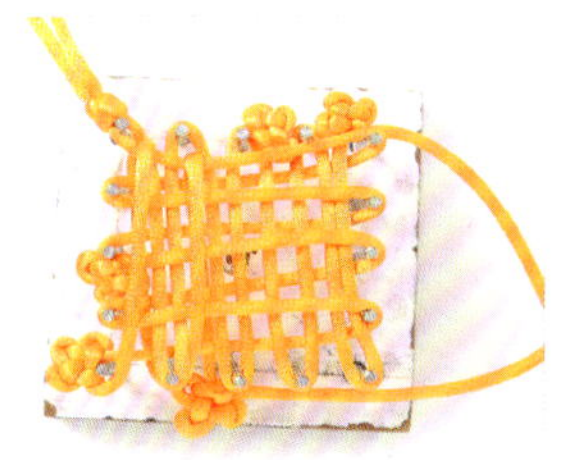

4. 第一段线再编1个酢浆草结，然后如图继续完成十四耳盘长结接下来的步骤。

5. 另一段线同法编1个酢浆草结，同样完成接下来的步骤。

6. 如图走好线。

7. 从钉板上取出结体。

8. 调整好十四耳盘长结的结体，如图拉出4个耳翼。

9. 另取1根红色A玉线，如图穿过十四耳盘长结，在十四耳盘长结的结体上面形成4个长长的耳翼。

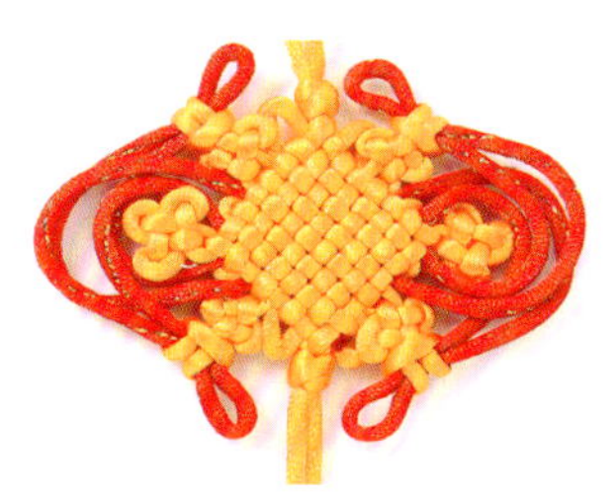

10. 将上面的两个长耳翼向下弯折，将下面的两个长耳翼向上弯折，如图与酢浆草结的4个耳翼组合。

11. 两段黄色A玉线各串入1颗陶瓷珠和1条流苏，完成。

纯净圣洁

材料与工具

120 厘米红色 A 玉线 1 根，50 厘米黄色 A 玉线 1 根，流苏 2 条，水晶配件 1 块，钉板，钩子，电烙铁，定型胶。

制作过程

1. 如图用红色A玉线编1个双联结。

2. 准备如图的钉板。

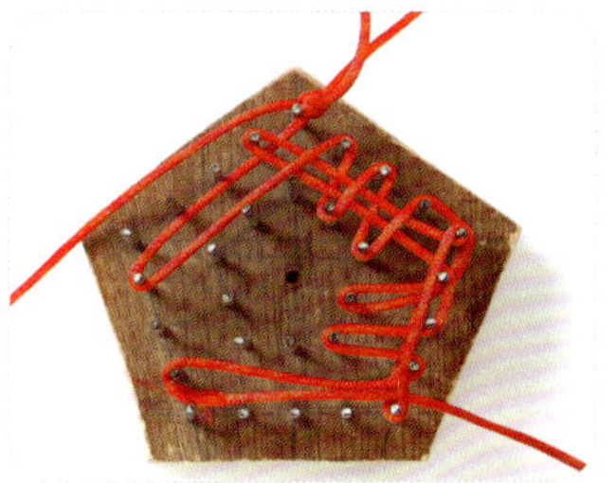

3. 右线如图在钉板上走线，由此开始编1个五边形盘长结。

4. 借助钩子，继续完成五边形盘长结接下来的步骤。

5. 加入黄色A玉线，如图穿过五边形盘长结的结体。

6. 如图继续走线。

7. 从钉板上取出结体，如图调整好五边形盘长结的结体，拉出耳翼。

8. 用电烙铁将相邻的耳翼粘起来，并用定型胶固定结型，形成如图所示的莲花形状。

9. 剪掉1根尾线，用剩下的尾线穿过水晶配件上端的孔，并向上编1个单线双联结收尾。

10. 用剪掉的尾线穿过水晶配件下端的孔，然后加上两条流苏，完成。

思念

材料与工具

头绳1根，150厘米5号韩国丝1根，金线2根，包布1段，流苏1条，双面胶1段，钉板，钩子。

制作过程

1. 将头绳对接成圈。

2. 加1根5号韩国丝，编1个双联结。

3. 如图在头绳末端1厘米处粘双面胶。

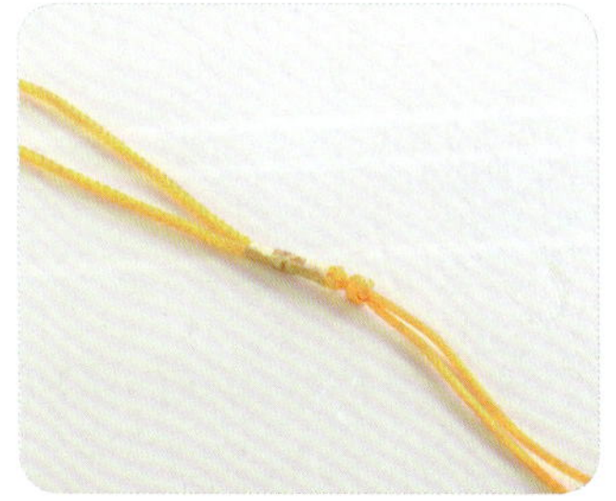

4. 用股线绕着双面胶绕线。

5. 将包布粘在股线上。

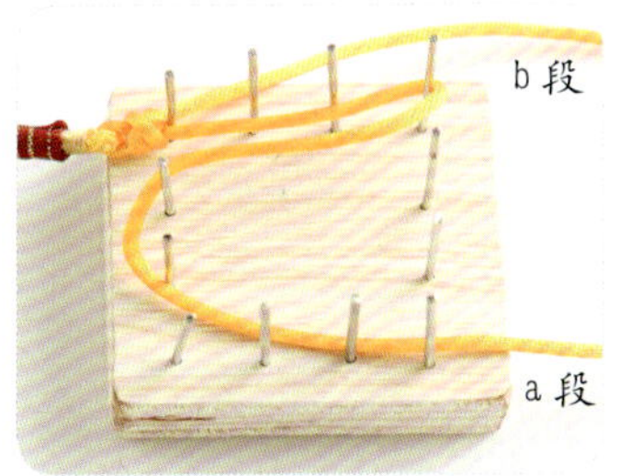

6. a段如图在钉板上走3行横线。

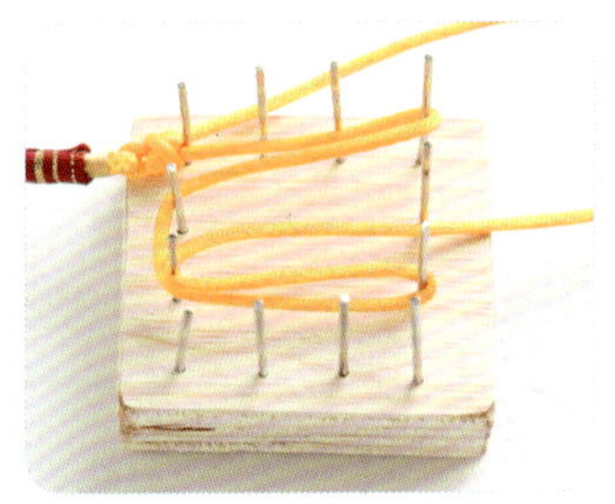

7. 如图再走两行横线。

8. 将a段拉向左。

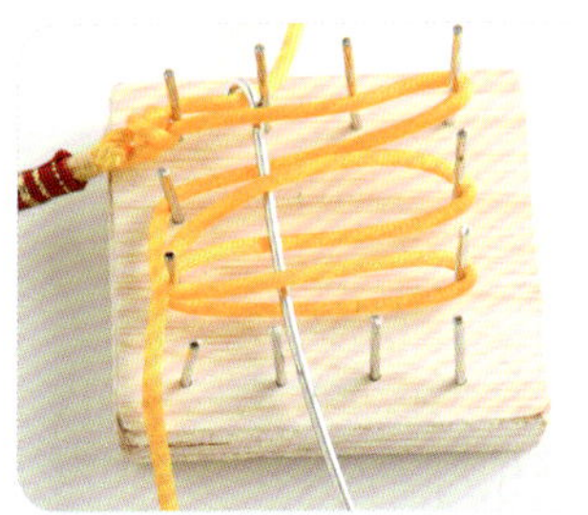

9. 钩子如图挑第二、第四、第六行横线，钩住b段。

10. 向下拉出b段后，继续挑第二、第四、第六行横线向上走线。

11. b段如图再走两行纵线。

12. b段如图挑压，走两行纵线。

13. a段如图压挑各行横线后向上走线；钩子如图压挑，钩住a段。

14. 将a段拉出。

15. a段如图再走4行纵线。

16. 钩子如图压挑，钩住b段。

17. 将b段拉出。

18. b段挑第二、第四、第六行b纵线，向右走线。

19. 重复步骤16~18的做法。

20. 继续完成盘长结接下来的步骤。

21. 从钉板上取出结体。

22. 调整好结体，如图拉出耳翼。

23. 在盘长结的下端编1个双联结。

24. 如图将耳翼整成菱形。

25. 用金线穿过盘长结的结体。

26. 如图走好金线。

27. 在下端加1条流苏，完成。

万象太平

材料与工具

80 厘米 A 玉线 11 根，72 号线 2 根，绕线 1 根，塑料环 1 个，玉象 1 块，各式木珠若干，菠萝扣 1 个，流苏 1 条。

制作过程

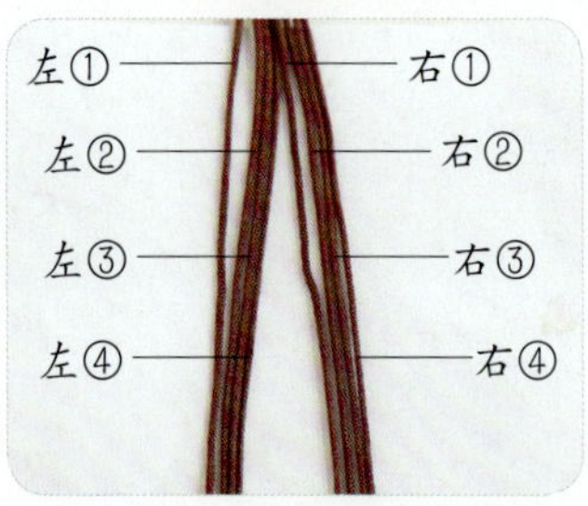

1. 准备8根A玉线，分成左右两组。

2. 在上端编1个单结固定，将右④绕到中间，压住左③和左④，成为新右①。

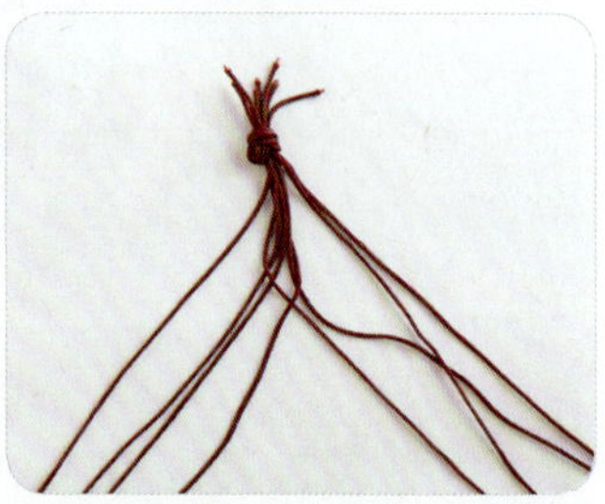

3. 左边最外侧的左①从后面绕到中间，压新右①和右②，成为新左④。

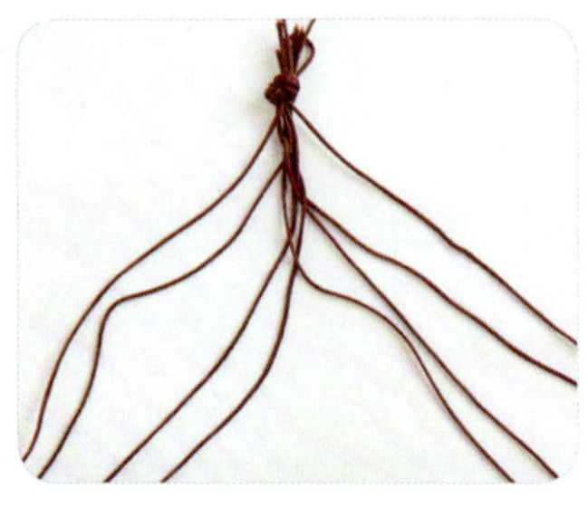

4. 右边最外侧的右④从后面绕到中间，压左③和新左④，成为新右①。

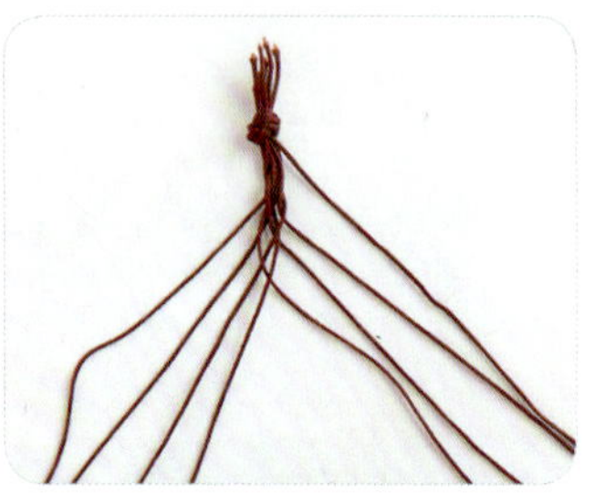

5. 左边最外侧的线从后面绕到中间，压新右①和右②，成为新左④。

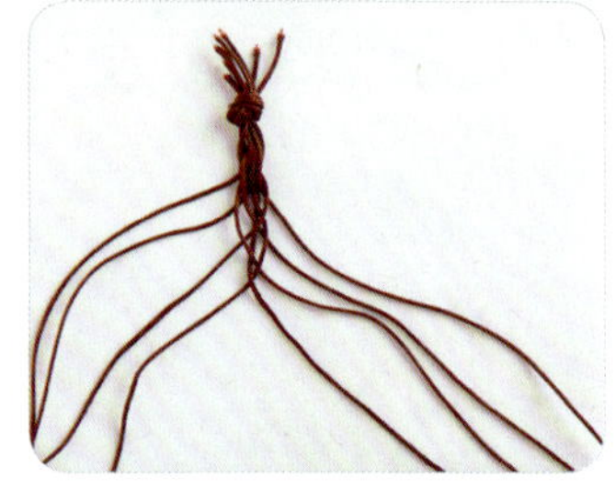

6. 用右边最外侧的右④压新左③和新左④，成为新右①；然后再用左边最外侧的左①压新右①和右②。

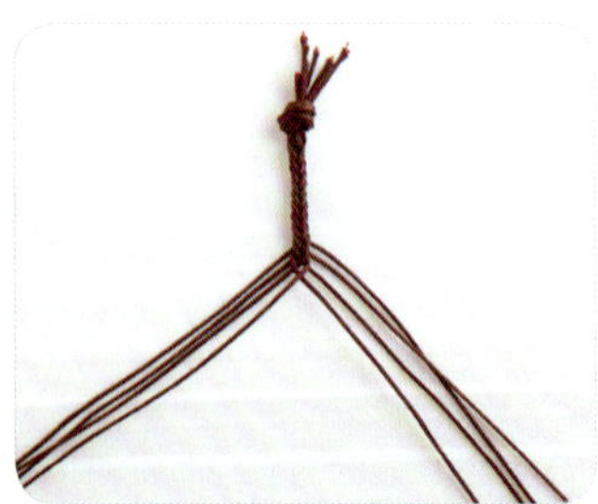

7. 仿照前面的做法连续编结。

8. 编八股辫至合适长度。

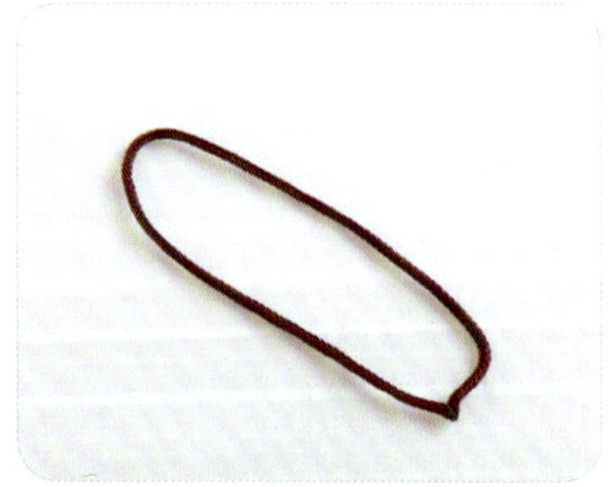

9. 剪掉多余的线，用打火机略烧后对接成圈。

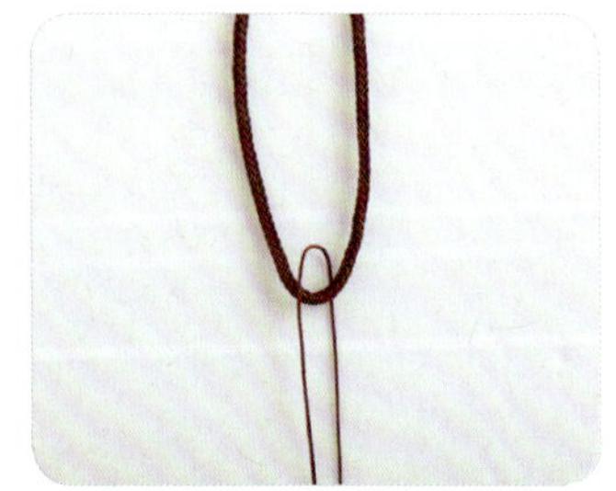

10. 加1根A玉线，对折。

11. 如图串入1个菠萝扣。

12. 开始绕线拉圈。

13. 拉圈，剪掉多余的线尾。

14. 再加1根A玉线。

15. 拉第二个圈。

16. 再加1根A玉线，穿入第一个圈，串入塑料环。

17. 拉好第三个圈。

18. 加1根72号线，穿入胶环，拉第四个圈，剪掉多余的线；加1根72号线，穿入第四个圈，拉第五个圈。

19. 用第五个圈的尾线系1条流苏。

20. 第二个圈的尾线如图串入木珠。

21. 两段尾线交叉串入玉象。

22. 两段尾线分别串入木珠，编单结并处理好线尾。

23. 完成。

红红火火

材料与工具

头绳1根，50厘米A玉线2根，120厘米6号韩国丝1根，金色股线1根，金线1根，珠子若干，流苏2条，钉板，钩子，套色针，电烙铁，定型胶，双面胶。

制作过程

1. 将头绳用打火机略烧后对接成圈。

2. 如图加1根A玉线。

3. 拉1个圈，剪掉多余的线。

4. 加1根A玉线，拉第二个圈。

5. 在头绳末端1厘米处粘上双面胶。

6. 绕金色股线至合适长度。

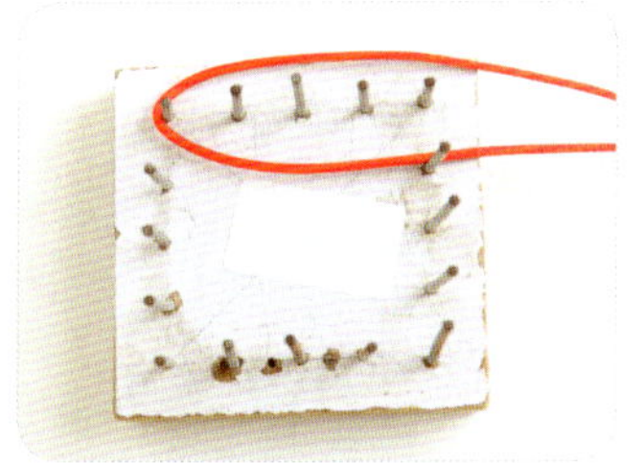

7. 另取1根6号韩国丝，上钉板，开始编十四耳盘长结。

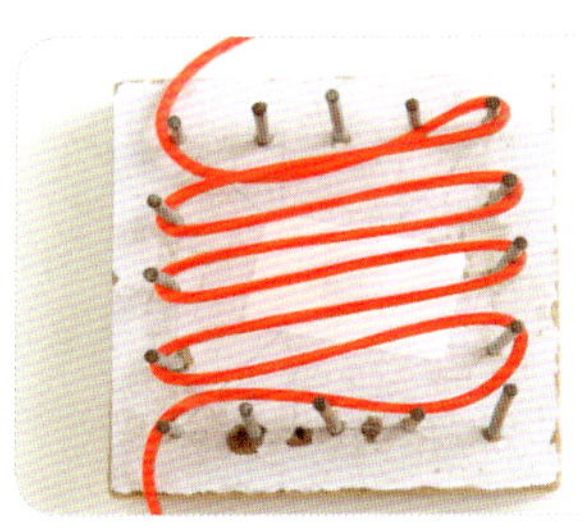

8. a段如图走8行横线。

9. b段如图压挑横线，走8行纵线。

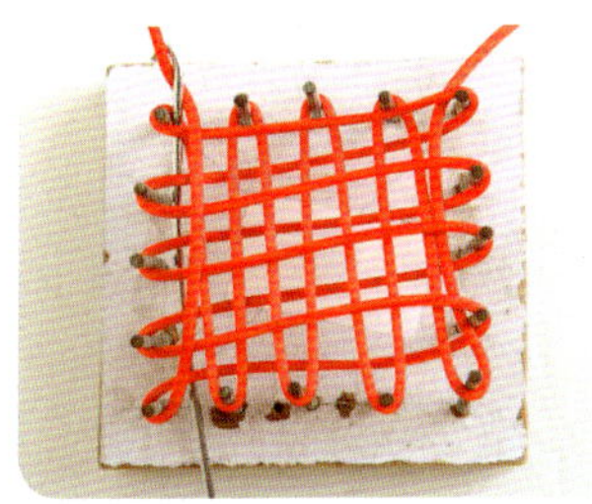

10. 将a段向上拉，钩子挑8行横线，钩住a段。

11. 向下拉出a段。

12. 重复步骤10~11，用a段走6行纵线。

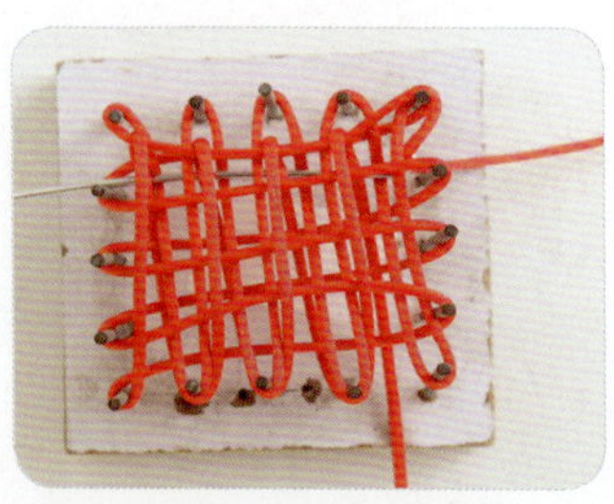

13. 钩子压1线，挑3线，压1线，挑3线，压1线，挑3线，压1线，钩住b段。

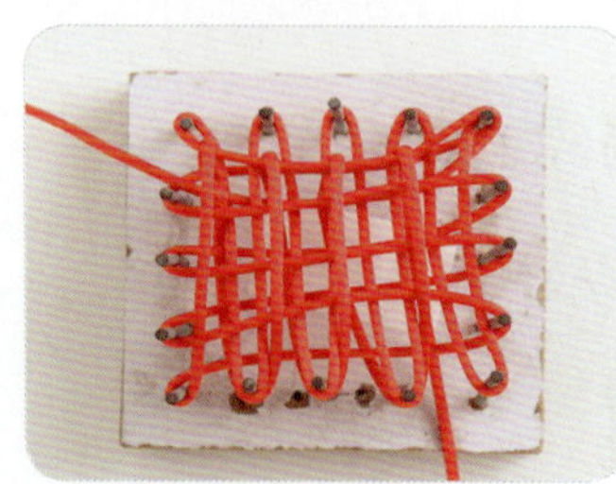

14. 向左拉出b段。

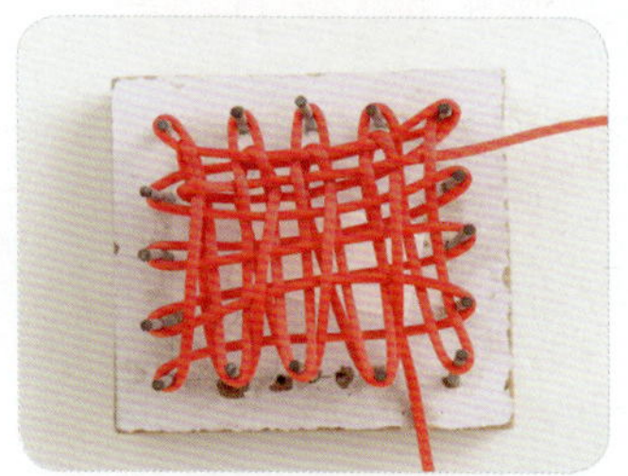

15. b段如图挑第二、第四、第六行纵线，走向右。

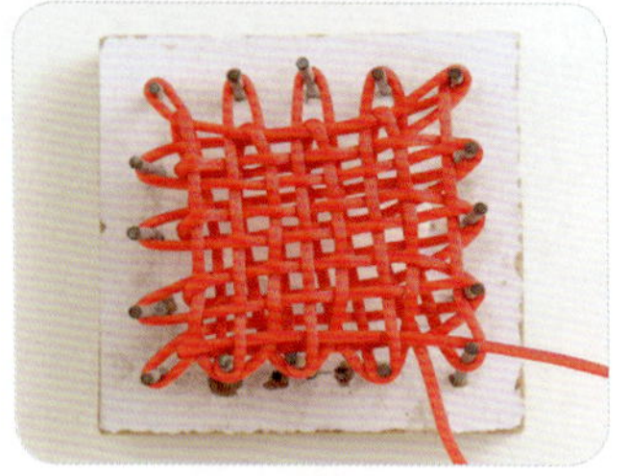

16. 重复步骤13~15的做法，继续完成十四耳盘长结接下来的步骤。

17. 从钉板上取出结体。

18. 如图拉出盘长结的耳翼，并用套色针开始走1条金线。

19. 如图用金线装饰盘长结的结体。

20. 处理好线尾，并用电烙铁将相邻的耳翼粘起来，并用定型胶固定结型。

21. 将拉圈的余线穿过十四耳盘长结的结体。

22. 编1个双联结。

23. 两段线分别串入珠子。

24. 两段线分别加1条流苏，编两个单结，剪线，完成。

汽车挂饰

佛佑平安

材料与工具

头绳1根，40厘米A玉线4根，金色股线1根，流苏线1束，流苏帽1个，拉圈1个，珠圈1个，佛像1个，珠子若干，30厘米铁丝1根。

制作过程

1. 将打火机将头绳连接起来。

2. 加 1 根 A 玉线。

3. 串入流苏帽。

4. 用金色股线如图绕 2 厘米。

5. 串入1个拉圈，用尾线编1个单结。拉圈的另一端再加1根A玉线，拉1个圈。

6. 剪掉第一根 A 玉线的尾线。

7. 如图串入 1 颗珠子，编 1 个双联结，再串入 1 颗珠子。

8. 用铁丝穿入珠子，最后一颗红色珠子交叉穿入，略弯，剪掉多余铁丝，然后调整成三角形。

9. 将三角形的铁圈套入步骤 7 做好的部件下，编两个单结。

10. 用其中的一段线穿入佛像，编单结，剪掉余线。

11. 另取 1 根 A 玉线交叉摆好，用股线绕 2 厘米。

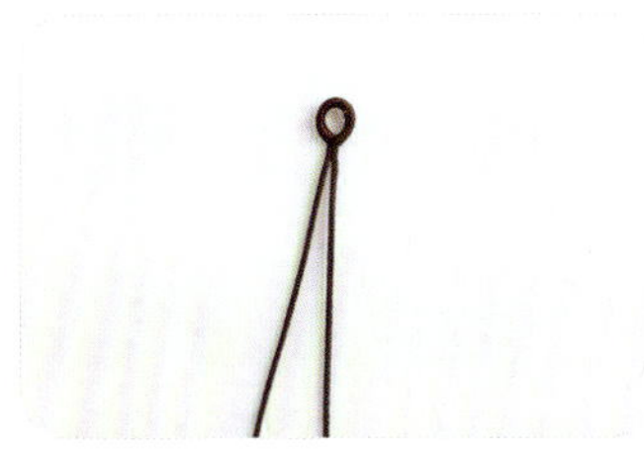

12. 拉圈。

13. 加 1 根 A 玉线，穿过红珠子。

14. 串入 1 颗珠子。

15. 串入拉圈后将尾线从珠子反穿过去，编 1 个单结，剪线。

16. 拉圈的尾线串入1颗珠子和1个珠圈。

17. 绑上 1 束流苏线。

18. 将流苏如图整理好。

19. 完成。

招财进宝

制作过程

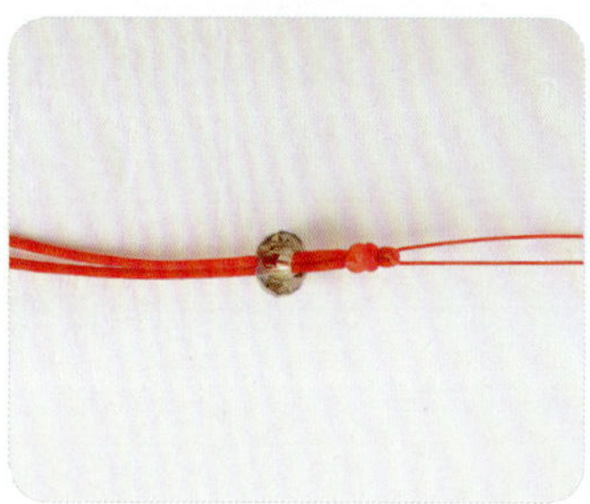

1. 取5号韩国丝对折，留一段线做挂耳，编1个双联结，串入1颗珠子，取1根72号线穿过挂耳。

2. 如图再编1个双联结。

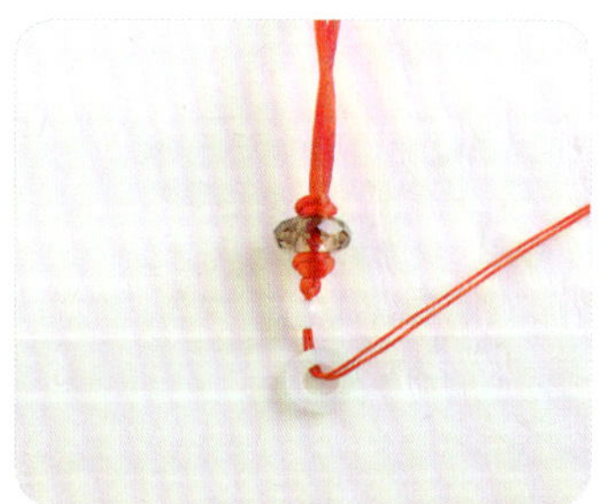

3. 72号线的两段线同串入1颗珠子和1个玉环。

材料与工具

70厘米5号韩国丝1根，20厘米72号线5根，貔貅1对，玉环1个，珠子若干，流苏1条。

（4-1）

（4-2）

（4-3）

4. 如图在玉环和珠子之间编1个单结。

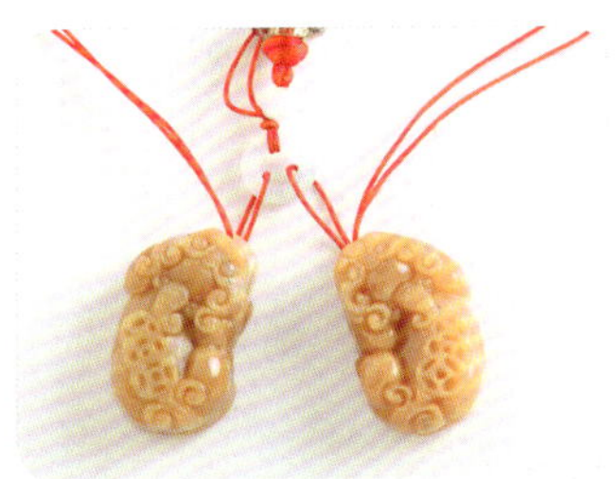

5. 取两根72号线穿入玉环，串1对貔貅。

6. 各编1个单结收尾。

7. 取两根72号线穿入貔貅底部，分别编1个双联结。

8. 各剪掉1段尾线，再用两尾线对串1颗珠子。

9. 两尾线同串入1颗珠子，加1条流苏，将流苏线头穿入珠子。

10. 尾线以流苏线头为中心线编1个单结，流苏线头以尾线为中心线编1个单结。

11. 剪掉多余的线，完成。

有福相伴

材料与工具

100 厘米头绳 1 根，20 厘米 A 玉线 2 根，60 厘米 A 玉线 1 根，30 厘米 72 号线 5 根，股线，菠萝扣 1 个，编绳圆环 1 个，木雕 1 个，流苏 1 条，珠子若干。

制作过程

1. 用头绳如图绕 1 个圈，开始编 1 个四边菠萝结。

2. 头绳的一端挑步骤 1 绕出的圈，形成第二个圈。

3. 如图继续挑压第一、第二个圈。

4. 如图继续压挑。

5. 拉紧，调整好结体，完成1个四边菠萝结。

6. 留出30厘米长，剪线。

7. 用打火机将头绳两端略烧后对接起来。

8. 调整出如图的挂耳。

9. 加1根20厘米A玉线，交叉摆好。

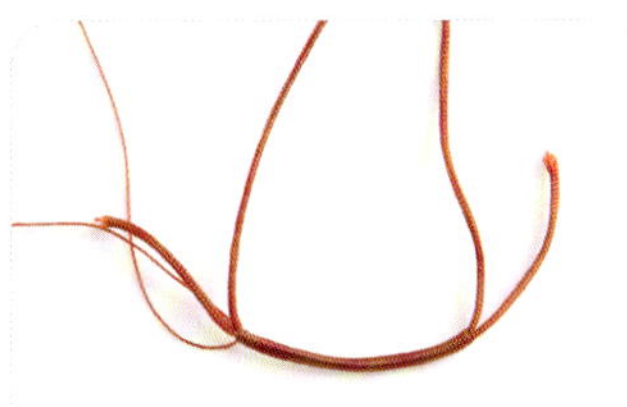
10. 用股线绕2厘米。

11. 拉圈，剪掉余线。

12. 再加1根20厘米A玉线，用股线绕2厘米，拉圈。

13. 串入1颗珠子和1个木雕，编1个单结，剪掉余线。

14. 在木雕下端加1根60厘米A玉线，编1个双联结。

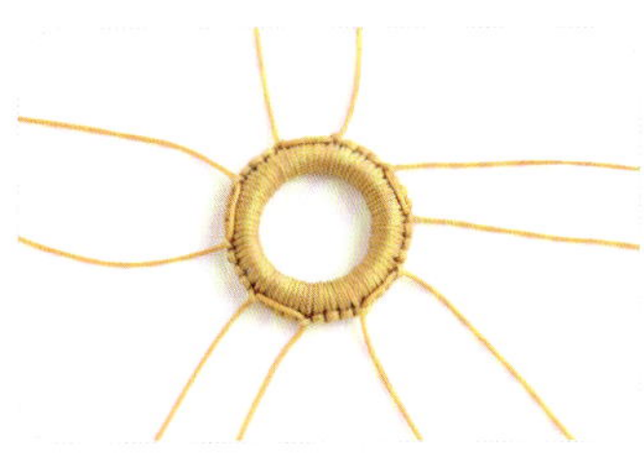
15. 将5根72号线如图均匀穿到编绳圆环上。

16. 在72号线上串珠子，编单结，剪线，制作好1个圆环配件。

17. 如图串入1个菠萝扣和圆环配件。

18. 加1条流苏，整理好流苏，剪齐。

19. 完成。

财源广进

材料与工具

头绳 1 根，30 厘米 72 号线 3 根，100 厘米绕线 3 根，股线，菠萝扣 2 个，莲花配件 1 个，珠子 2 颗，流苏帽 1 个，流苏线 1 束。

制作过程

1. 将头绳两端用打火机略烧后对接成圈。

2. 加1根72号线，编1个双联结。

3. 在头绳加线的一端串入1个菠萝扣。

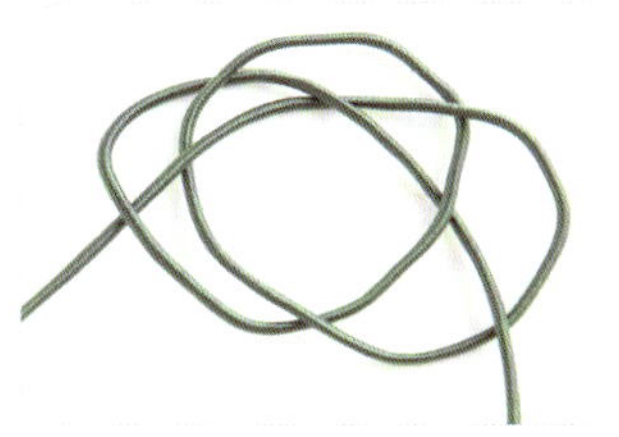

4. 另取1根绕线，开始编双钱结。

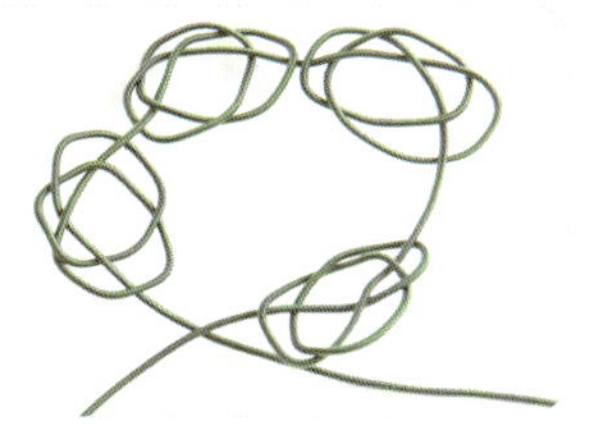

5. 共编4个双钱结。

6. 走1根黄色绕线。

7. 再用原来的绕线走1次。

8. 剪掉余线，用打火机将线尾对接起来，形成1个四方形配件。

9. 如图在72号线上串入1颗珠子和四方形配件，编1个单结收尾。

10. 剪掉余线，然后加1根72号线在如图双钱结的下方，串入1个莲花配件后，连接下面的双钱结，编1个单结收尾。

11. 另取1根绕线对折，编1个双联结。

12. 在四方形配件下方加1根72号线，串入1颗珠子、1个菠萝扣和编好双联结的绕线。

13. 如图编1个单结收尾并剪掉余线。

14. 用绕线串入1个流苏帽。

15. 绑上1束流苏。

16. 整理好流苏并剪齐，完成。

我佛慈悲

材料与工具

头绳1根，50厘米A玉线2根，30厘米绕线1根，股线，菠萝扣2个，佛头1个，木扣1个，珠子若干，流苏1条。

制作过程

1. 将头绳的两端用打火机对接起来。

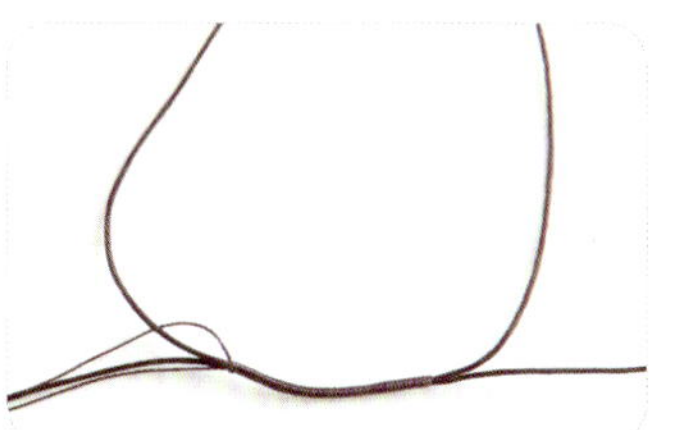

2. 加1根A玉线交叉叠放，用绕线绕2厘米。

3. 拉圈，剪掉余线。

4. 再加1根A玉线，拉圈。

5. 如图在头绳上绕线，约1厘米宽。

6. 用拉圈的余线交叉串过1个木扣，并编1个双联结。

7. 取1根绕线，将两端如图用电烙铁粘在一起，并在外面绕一段线。

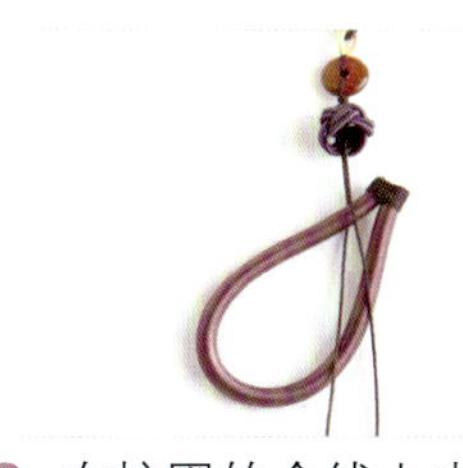

8. 在拉圈的余线上串入1颗珠子和1个菠萝扣，并如图穿过绕线配件。

9. 将绕线配件的接口套进菠萝扣。

10. 在拉圈余线上串入3颗木珠和1个佛头，并编1个单结收尾。

11. 加1根5号线，编1个双联结。

12. 串入1个菠萝扣和1颗珠子。

13. 加上1条流苏，完成。

佛光普照

材料与工具

360 厘米、40 厘米、60 厘米的 72 号线各 1 根，塑料环 1 个，珠子若干，佛像 1 个，流苏 2 条。

制作过程

1. 用40厘米72号线如图串珠子。

2. 两段线同串入1颗大珠子，编两个单结。

3. 穿过1个佛头，编1个单结。

4. 剪掉线尾。

5. 加1根60厘米72号线，编1个双联结。

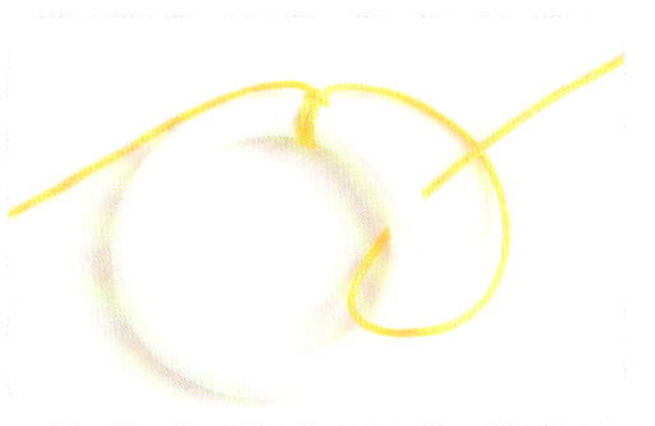

6. 用360厘米72号线绕着塑料环编雀头结，如图顺时针绕1个圈，用线压着圈。

7. 拉紧线，再顺时针绕1个圈，用线挑着圈。

8. 拉紧线。

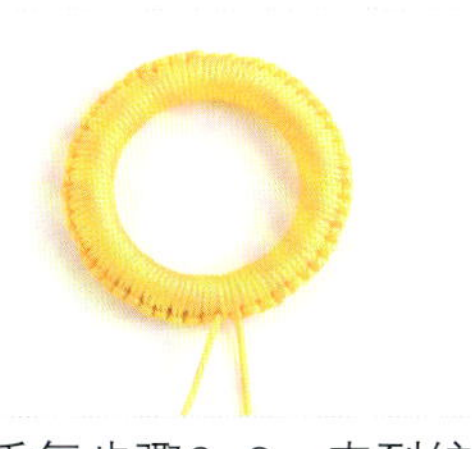

9. 重复步骤6~8，直到编满整个塑料环。

10. 剪掉余线。

11. 套入圆环，编两个蛇结。

12. 两段线同串入1颗珠子，编两个蛇结。

13. 套入圆环，再编两个蛇结。

14. 两段线各串1条流苏、编两个单结，剪线，完成。

我思悠长

材料与工具

140 厘米 4 号韩国丝 1 根，流苏 2 条，钉板，钩子。

制作过程

1. 将4号韩国丝对折，留出10厘米，编1个双联结。

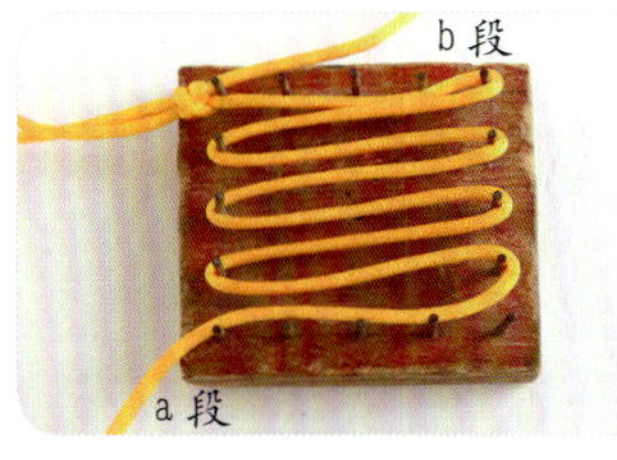

2. a段在钉板上走8行横线，开始编十四耳盘长结。

3. b段在8行横线中间走8行纵线。

4. a段如图走4个来回。

5. 钩子压1线，挑3线，压1线，挑3线，压1线，挑3线，压1线，钩住b段。

6. 向左拉出b段。

7. 钩子挑第二、第四、第六、第八行b纵线，钩住b段。

8. 向右拉出b段。

9. 重复步骤5~8的做法，继续完成十四耳盘长结接下来的步骤。

10. 从钉板上取出结体。

11. 如图拉出耳翼。

12. 编1个双联结。

13. 两段线各串1条流苏，编单结，剪线。

14. 完成。

一路平安

材料与工具

300厘米B玉线1根，头绳1根，拉圈1个，塑料圆环1个，珠子若干。

制作过程

1. 准备如图的拉圈1个。

2. 将头绳穿过拉圈，用打火机略烧后对接成圈。

3. 在头绳上串入1颗珠子，遮住接口。

4. 在拉圈的余线上串入1颗珠子。

5. 加1根B玉线对折，拉圈的余线如图编1个单结并剪线。

6. 用B玉线编1个双联结。

7. 两段线如图压挑，编1个双耳酢浆草结。

8. 拉紧，调整好结体。

9. 两段线分别编1个三耳酢浆草结。

10. 两段线合在一起编1个双耳酢浆草结。

11. 加入塑料圆环，右线绕着塑料圆环，开始编雀头结。

12. 右线绕着塑料圆环再绕1个圈，注意线的压挑方向。

13. 拉紧线。

14. 重复步骤11~13，编至塑料圆环的四分之一处。

15. 如图再编3个三耳酢浆草结。

16. 再编1个双耳酢浆草结把3个酢浆草结结合在一起。

17. 继续编雀头结。

18. 编至塑料圆环的一半。

19. 左线同法在塑料圆环上编结。

20. 两段线分别编1个三耳酢浆草结，再合在一起编1个双耳酢浆草结。

21. 两段线合在一起编1个双耳酢浆草结、双联结。

22. 两段线如图分别串珠子，编单结。

23. 剪线，完成。

一路顺风

材料与工具

150厘米5号韩国丝1根，100厘米72号线6根，珠子8颗，菠萝扣8个，流苏2条，钉板，钩子。

制作过程

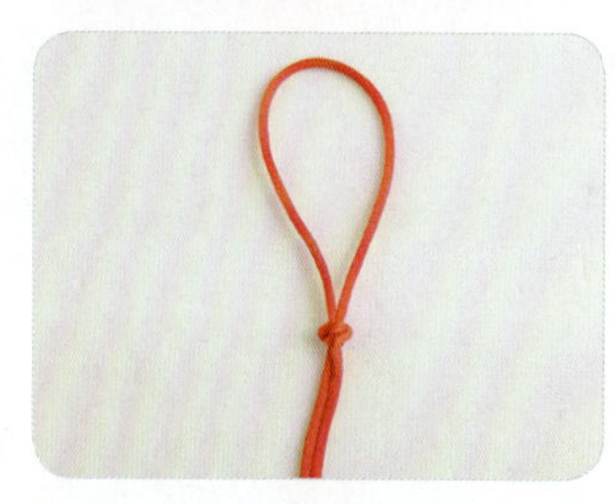

1. 取1根5号韩国丝对折，编1个双联结。

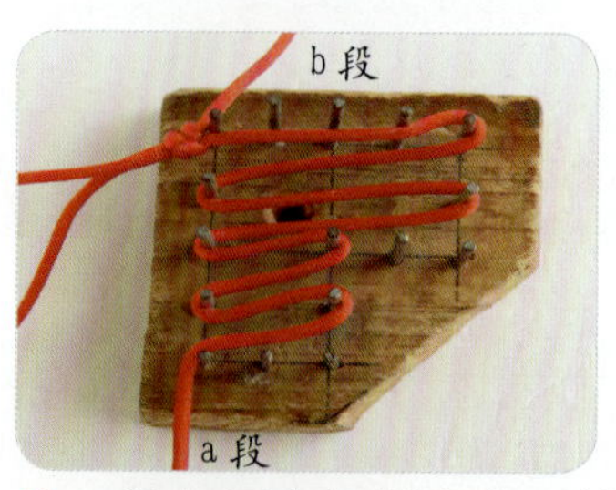

2. a段如图在钉板上走四长四短的8行横线，开始编1个单翼磬结。

3. b段如图走四长四短的8行纵线。

4. a段如图走两个来回，包住前面走的8行横线。

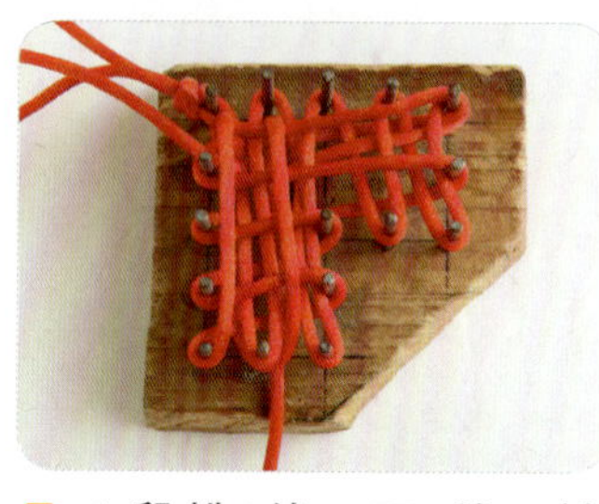

5. b段挑1线，压1线，挑1线，压1线，挑1线，压1线，挑2线，压1线，挑2线，走1行横线。

6. b段如图挑第二、第四、第六、第八行b纵线，走1行横线。

7. 重复步骤5~6的做法。

8. a段挑1线，压1线，挑3线，压1线，挑2线，走1行横线。

9. a段挑第二、第四行b纵线，走1行横线。

10. 重复步骤8~9的做法。

11. b段挑2线，压1线，挑3线，压1线，挑1线，走1行纵线。

12. b段挑第二、第四行横线，走1行纵线。重复走1个来回。

13. 从钉板上取出结体。

14. 拉出如图耳翼。

15. 剪线并用打火机处理好线尾。

16. 加3根72号线到如图位置，编1个单结固定。

17. 将6段线分为3组，其中一组如图编1个蛇结。

18. 其余两组同样编1个蛇结。

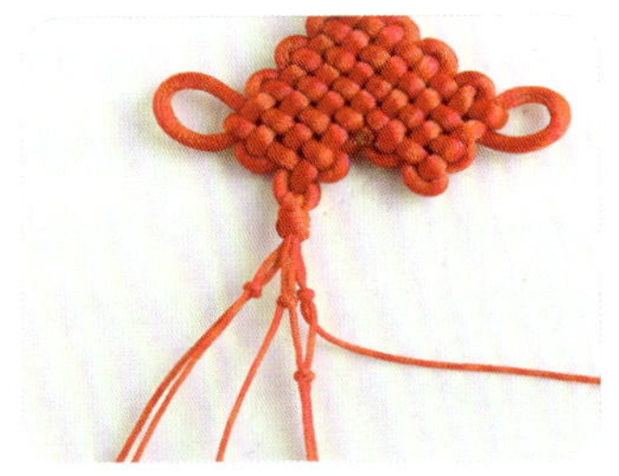

19. 相邻两组各取一段线，编1个蛇结。

20. 同法再编两个蛇结。

21. 包住1颗珠子，6段线合在一起编1个蛇结。

22. 串入1个菠萝扣。

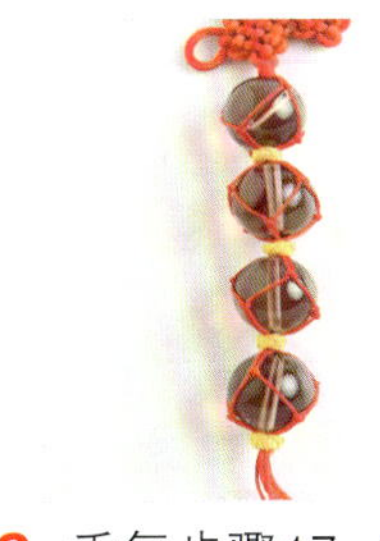

23. 重复步骤17~22的做法3次。

24. 另一边同法加线、编结、串珠子和菠萝扣。

25. 两边各加1条流苏，编单结，剪线。

26. 完成。

吉祥一生

材料与工具

60厘米5号韩国丝1根，80厘米绕线2根，珠子1颗，流苏1条。

制作过程

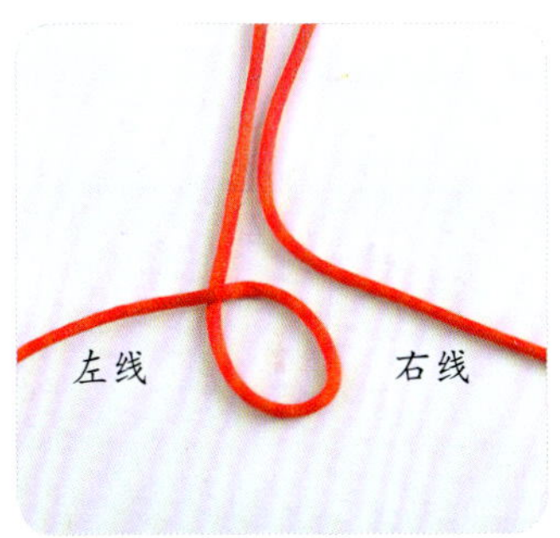

1. 取5号韩国丝对折，左线如图绕1个圈。

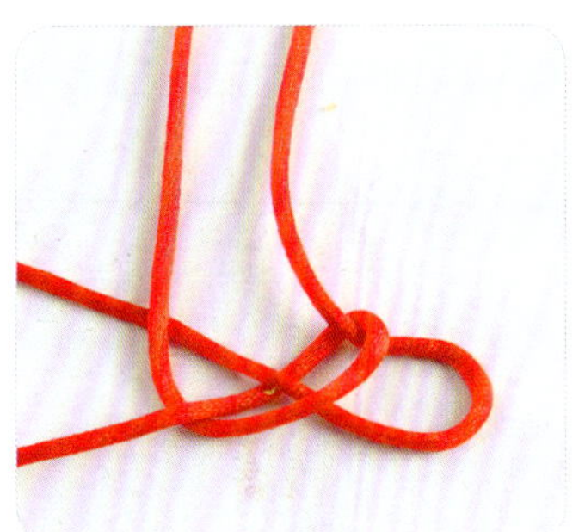

2. 右线如图套进左线形成的圈中。

3. 右线如图压挑，从右线形成的圈中穿出。

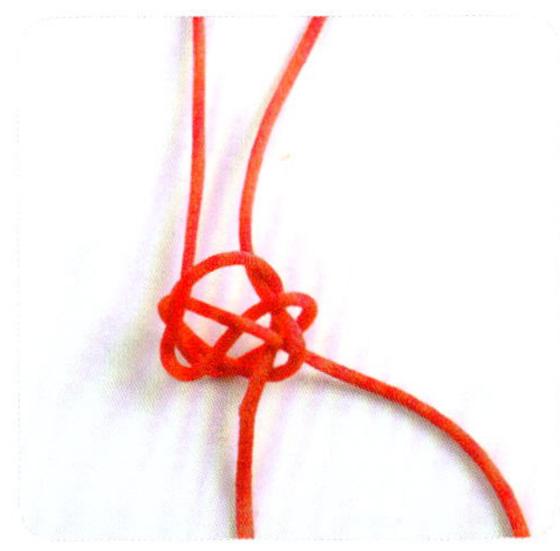

4. 左线绕到前方，从中间的洞中穿出。

5. 右线绕到后方，如图压挑后从中间的洞中穿出。

6. 将线拉紧，调整好结体。

7. 留出挂耳，在纽扣结的底部加两根绕线，调整纽扣结的线。

8. 拉紧线。

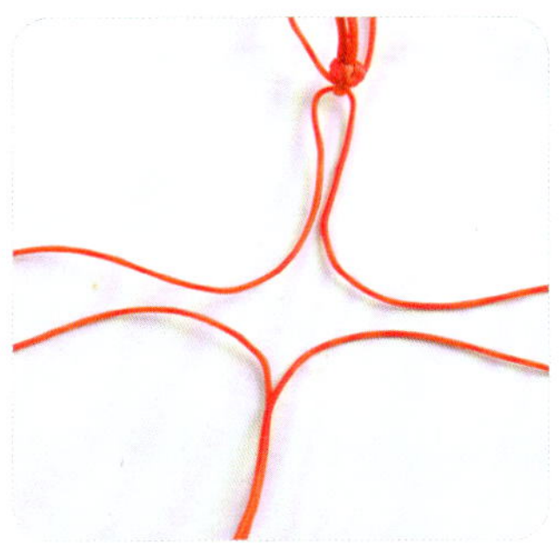

9. 将1根绕线拉向上方，另一根拉出左右两个耳翼，开始编吉祥结。

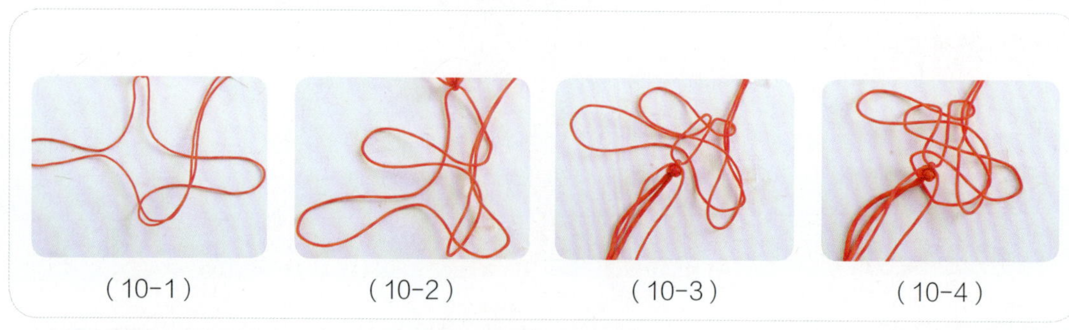

10. 四个方向的线以逆时针方向相互挑压。

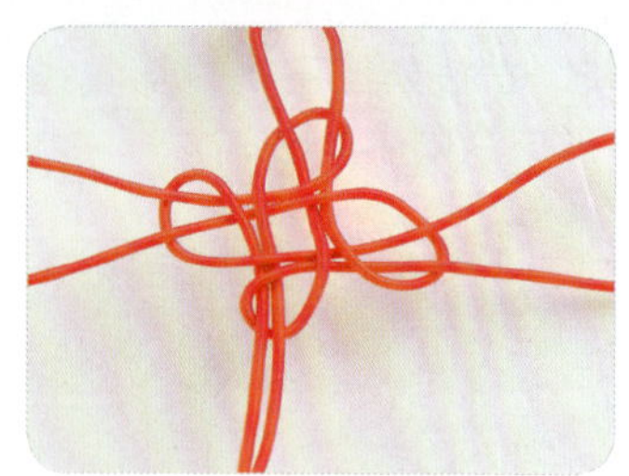

11. 拉紧，调整结体。

12. 用另一根再走1次线。

13. 拉出耳翼，调整成形。

14. 编1个双线双联结。

15. 剪掉两段余线。

16. 两线同串入1颗珠子，编1个双联结。

17. 加1条流苏，编两个单结，剪线。

18. 完成。

健康平安

材料与工具

40厘米、120厘米5号韩国丝各1根，40厘米72号线7根，20厘米金线4根，流苏线1束，珠环1个，编绳圆环2个，拉圈1个，琉璃挂饰1个，珠子若干。

制作过程

1. 将5号韩国丝对折，在中间位置加1根72号线。

2. 左线如图绕1个圈，开始编1个纽扣结。

3. 右线如图套进左线形成的圈中。

4. 右线如图压挑，从右线形成的圈中穿出。

5. 左线绕到上方，如图压挑，从中间的洞中穿出。

6. 右线绕到后方，如图压挑后从中间的洞中穿出。

7. 将线拉紧，调整好结体。

8. 再编1个纽扣结。

9. 再取1根5号韩国丝，绕着编制的方向再走1次。

10. 调整好结体。

11. 剪掉余线。

12. 在离纽扣结20厘米的位置，各编1个秘鲁结。

13. 剪掉余线。

14. 用72号线包住韩国丝编5个双向平结，剪线。

15. 用另一端的72号线串珠子和琉璃挂饰，编两个单结，剪线。

16. 在琉璃挂饰的另一端加1根72号线，编1个双联结。

17. 在拉圈的余线上串入1个珠环和两个编绳圆环。

18. 绑上1束流苏线并整理好。

19. 在上面的编绳圆环上均匀地加上4根72号线，各编1个双联结。

20. 在72号线上串珠子，绑流苏，用金线包住流苏绕0.5厘米。

21. 其余3根72号线重复步骤20的做法。

22. 将流苏的底部剪齐，制作好1个流苏配件。

23. 将流苏配件绑在步骤16中的线上，编1个单结收尾。

24. 完成。

年年有余

材料与工具

头绳 1 根，100 厘米 B 玉线 2 根，30 厘米金线 2 根，菠萝扣 2 个，银鱼饰品 2 个，双鱼挂饰 1 个，流苏 1 条，珠子若干，钉板，钩子，套色针。

制作过程

1. 用打火机将头绳两端略烧后各接上1根B玉线。

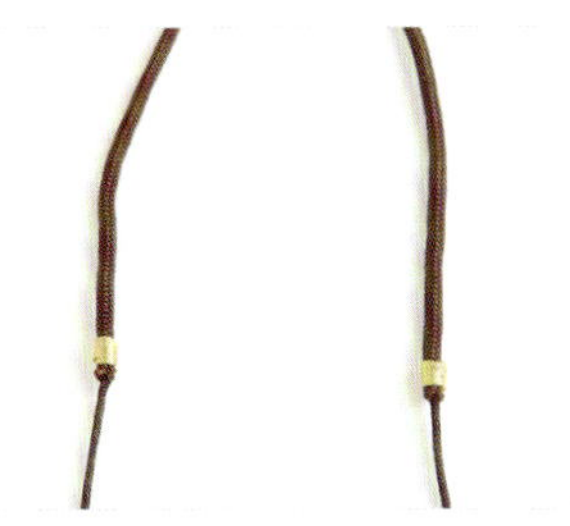

2. 在接头处用金线在头绳上绕0.5厘米。

3. 各串入1个菠萝扣。

4. 各串入珠子和银鱼饰品后对串1颗珠子。

5. 各串入3颗珠子后编1个双联结。

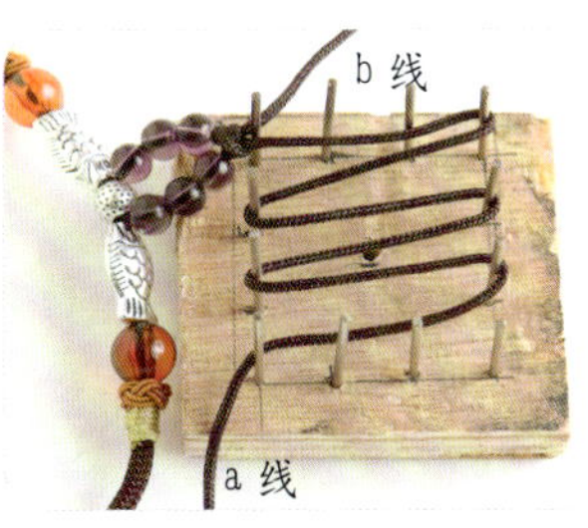

6. 上钉板，a线如图走6行横线，开始编1个十耳盘长结。

7. b线如图压挑，走两行纵线。

8. 同法再走4行纵线。

9. 钩子从横线的下面伸过去，钩住a线并拉出。

10. 依照步骤9的方法再走两次。

11. 钩子挑2线，压1线，挑3线，压1线，挑3线，压1线，挑1线，钩住b线并拉出。

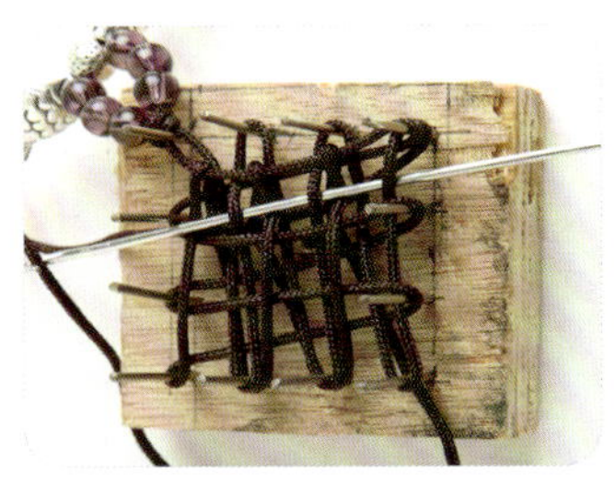

12. 钩子挑第二、第四、第六行b纵线，钩住b线并拉出。

13. 重复步骤12的做法两次。

14. 从钉板上取出结体。

15. 调整好结体。

16. 在盘长结下面编1个双联结。

17. 用套色针穿金线，开始在盘长结上面走线。

18. 如图走线，装饰耳翼。

19. 装饰好10个耳翼。

20. 串入1个双鱼挂饰，编1个单结收尾。

21. 在双鱼挂饰的下面绑1条流苏。

22. 剪线，整理好流苏。

23. 完成。

家居挂饰

好运迭来

材料与工具

100厘米4号韩国丝1根，100厘米A玉线1根，拉圈2个，菠萝扣1个，流苏帽1个，流苏线2束，玉石配件1个，菱形配件1个，珠子若干。

制作过程

1. 取4号韩国丝对折，编1个纽扣结（详细步骤请参考本书第87页），留出挂耳。

2. 在挂耳上加1根A玉线。

3. 依次串入拉圈、菠萝扣、拉圈、珠子，编两个双联结。

4. 两段线如图交叉串入1个玉石配件，编1个双联结。

5. 串入1个菱形配件，编1个双联结。

6. 取两束流苏线，从中间位置绑住。

7. 在菱形配件下面串入1个流苏帽。

8. 加上步骤6中的流苏，剪齐。

9. 4号韩国丝的另一端隔合适长度后如图绕线。

10. 拉紧，编好1个秘鲁结。

11. 另一段同法编1个秘鲁结。

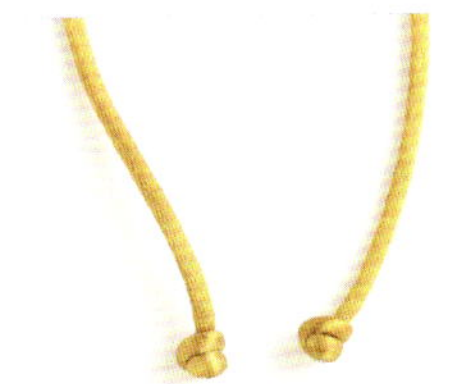

12. 剪线。

13. 用A玉线包着4号韩国丝编4个双向平结并处理好线尾。

14. 完成。

连年发财

材料与工具

头绳1根，40厘米A玉线9根，金线，菠萝扣1个，流苏帽1个，编绳圆环4个，玉石配件1个，流苏线1束，珠子若干。

制作过程

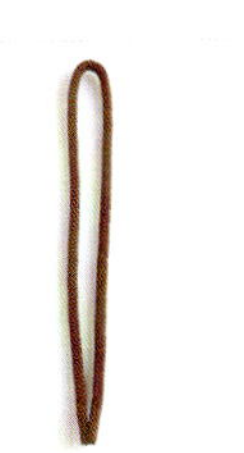

1. 用打火机将头绳的两端接起来。

2. 加1根A玉线。

3. 串入1颗珠子，编1个双联结固定。

4. 串入1个菠萝扣，遮住接口。

5. 串入玉石配件后编1个秘鲁结。

6. 剪线。

7. 在玉石配件下方加1根A玉线，串入1颗珠子。

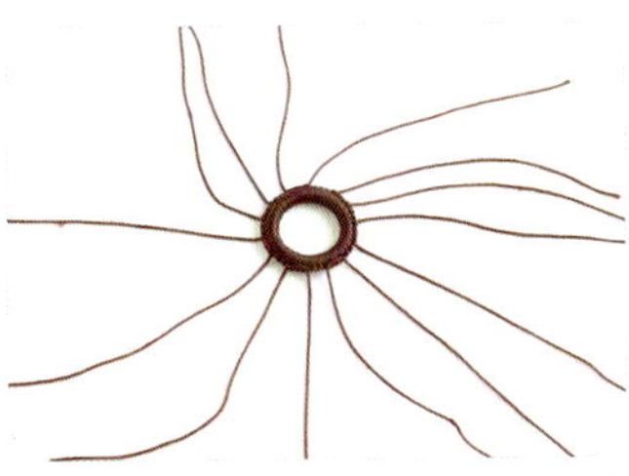

8. 取1个编绳圆环，均匀地加入7根A玉线。

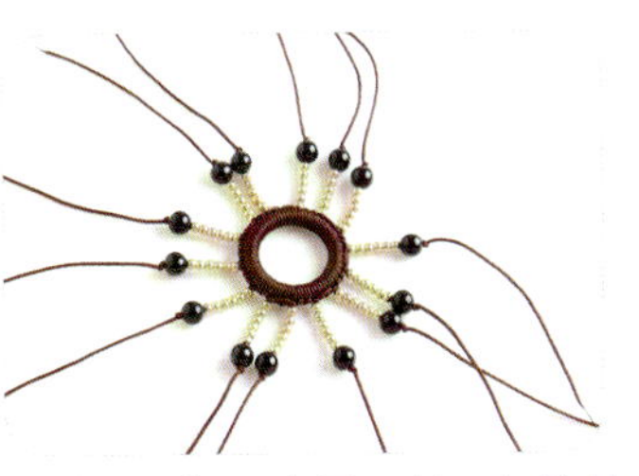

9. 如图串入珠子，编1个单结。

10. 剪掉余线，完成1个圆环配件。

11. 如图用步骤7的玉线串入1个流苏帽、3个编绳圆环和步骤10中圆环配件。

12. 绑上1束流苏线。

13. 用金线在流苏线外面绕1厘米。

14. 整理好流苏并剪齐，完成。

阖家安康

 材料与工具

150厘米A玉线1根，头绳2根，绕线4段，拉圈2个，菠萝扣3个，玉石配件1个，管状配件1个，珠子若干，流苏2条。

 制作过程

1. 将头绳用打火机略烧后对接成圈。

2. 串入菠萝扣。

3. 将绕线两端略烧后对接成圈，共做两个。

4. 将步骤3中的圈合在一起，在中间缠上双面胶，绕金线，制作成绕线配件。

5. 另取一小段头绳，串入管状配件，两端各串1个拉圈，再串入步骤4中的绕线配件，穿入步骤1 中的头绳中。

6. 将头绳用打火机略烧后对接成圈。

7. 另取两小段绕线，穿入拉圈中，再穿入管状配件中。

8. 将绕线对接起来。

9. 把接口藏到管状配件中。

10. 将拉圈余线穿入玉石配件上方的孔，编秘鲁结，剪线。

11. 加1根A玉线，穿入玉石配件下方的孔，如图串入珠子、拉圈后对串两颗珠子。

12. 各编1个单结，处理好线尾。

13. 用拉圈的一段余线串珠子、菠萝扣。

14. 加1条流苏，编两个单结，剪线。

15. 另一段余线重复步骤13~14的做法。

16. 完成。

观音送子

材料与工具

210厘米4号韩国丝2根，流苏线2束，金线2根，观音挂饰1个，钉板2个，钩子。

制作过程

1. 取1根4号韩国丝对折，留出挂耳，编1个双联结。

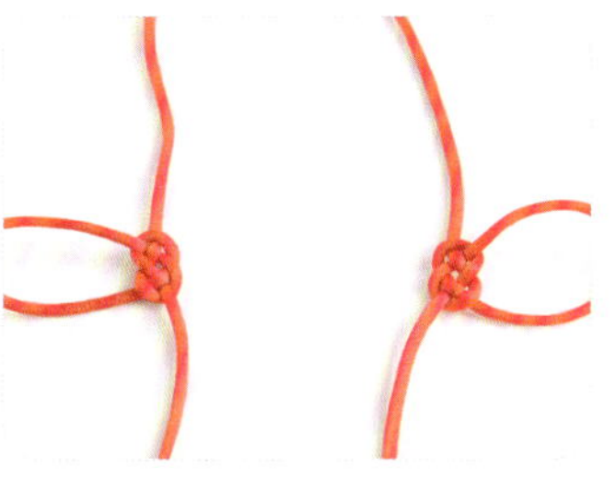
2. 2段线分别留出合适距离，编1个双钱结，注意留出如图耳翼。

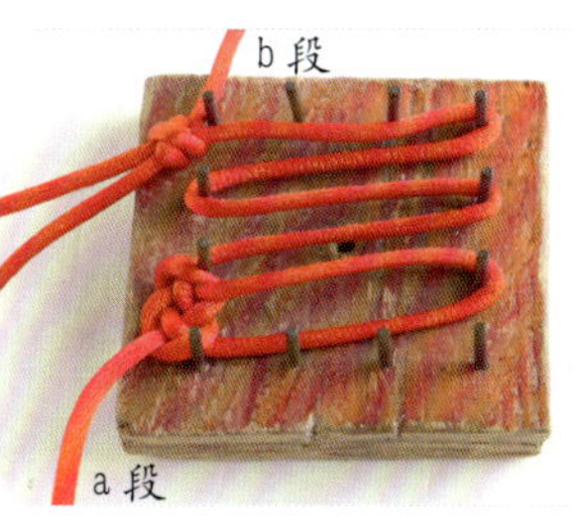

3. 上钉板，a段如图走6行横线，将双钱结调整到左下角的位置。

4. b段在横线中间走6行纵线，将双钱结调整到右上角的位置。

5. a段包着纵横线走6行纵线。

6. 钩子挑2线，压1线，挑3线，压1线，挑3线，压1线，挑1线，钩住b线并拉出。

7. 钩子挑第二、第四、第六行b纵线，钩住b段后拉出。

8. 重复步骤6~7的做法两次。

9. 从钉板上取出结体，确定并拉出耳翼，调整好结体。

10. 串入观音挂饰后编秘鲁结收尾。

11. 剪线。

12. 另取1根4号韩国丝，穿入观音配件下方的孔，编1个双联结。

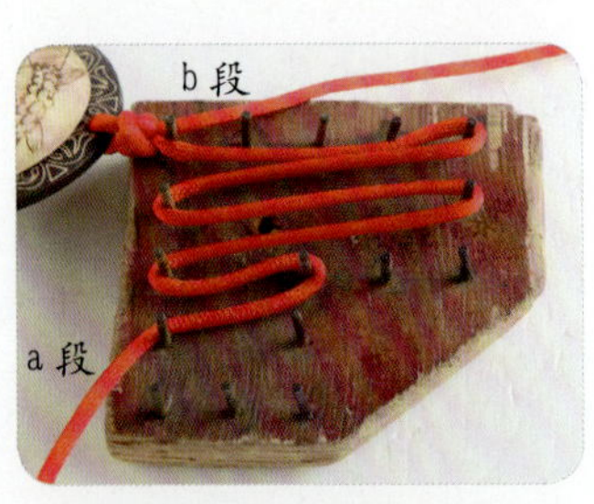

13. a段如图在钉板上走四长两短6行横线，开始编1个复翼磬结。

14. b段如图走6行纵线。

15. a段绕着左下角走出1个耳翼，再包着6行横线，走两行纵线。

16. a段向左走出1个耳翼，然后用钩子挑3线，压1线，挑2线，钩住a段后拉出。

17. a段压2线，挑1线，压3线，向左走1行横线。

18. a段如图绕出1个耳翼，再包着横线走两行纵线。

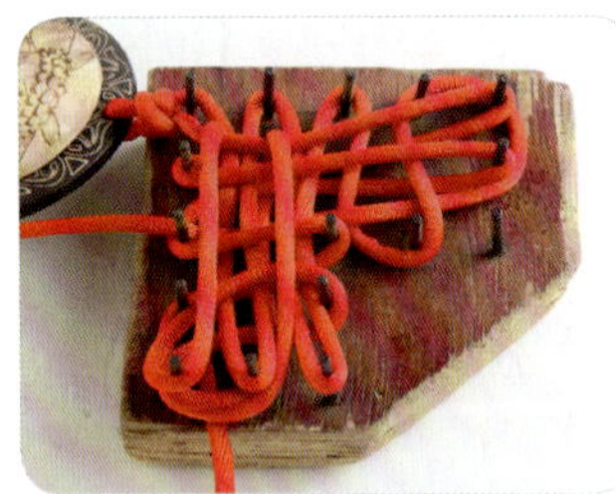

19. b段绕着右上角走出1个耳翼，然后用钩子压1线，挑3线，压2线，挑1线，压1线，挑1线，钩住b段后拉出。

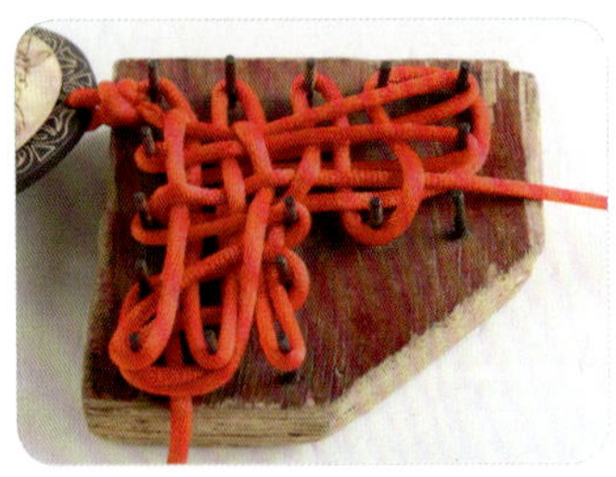

20. 钩子挑1线，压1线，挑1线，压3线，挑1线，压2线，钩住b段后拉出。

21. 将b段拉到右上角，然后用钩子挑1线，压1线，挑1线，压1线，挑1线，钩住b段后拉出。

22. b段挑第一、第三行a横线，向上走1行纵线。

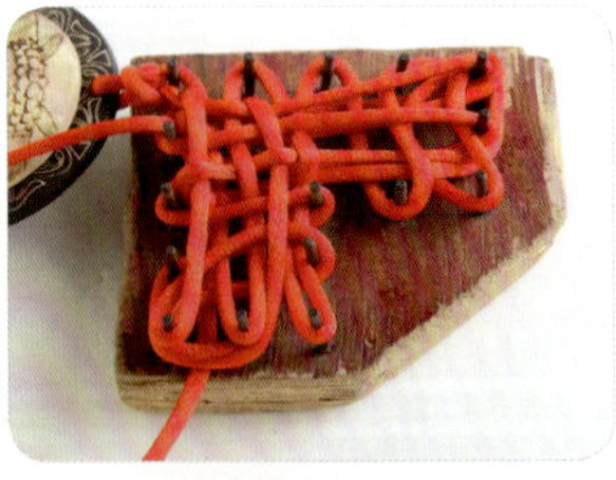

23. b段绕着右上角走出1个耳翼，然后用钩子挑2线，压1线，挑3线，压1线，挑1线，压1线，挑2线，钩住b段后拉出。

24. 钩子挑2线，压1线，挑2线，压1线，挑1线，压3线，挑1线，压2线，钩住b段后拉出。

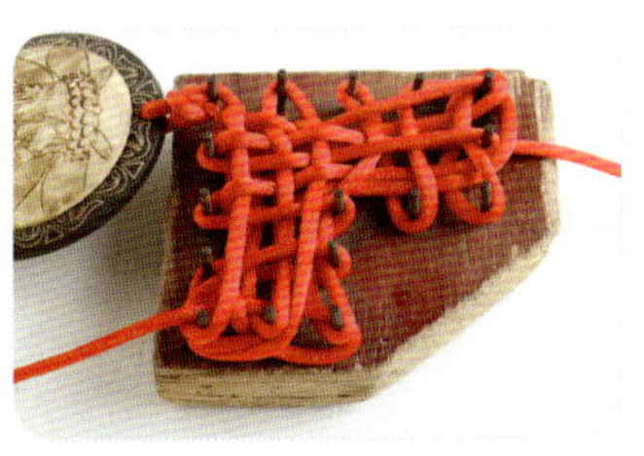

25. a段向右走出1个耳翼，钩子挑2线，压1线，挑3线，压1线，挑1线，钩住a段后拉出。

26. a段挑第二、第四行b纵线，向右走1行横线。

27. 重复步骤25的做法。

28. 重复步骤26的做法。

29. b段向下走出1个耳翼，然后用钩子挑2线，压1线，挑3线，压1线，挑1线，钩住b段后拉出。

30. b段挑第二、第四条b横线，向下走1行纵线。

31. 重复步骤29的做法。

32. 重复步骤30的做法。

33. 从钉板上取出结体。

34. 拉出如图耳翼，调整结型，完成1个复翼磬结。

35. 编1个双联结。

36. 用一段余线绑1束流苏线。

37. 整理好流苏，在流苏上方用金线绕1厘米。

38. 另一段余线同法加流苏。

39. 完成。

绿意盎然

材料与工具

120厘米B玉线2根，流苏线2束，金线，月牙配件1个，珠子1颗，钉板2个，钩子。

制作过程

1. 取1根B玉线对折，留出挂耳，编1个双联结。

2. 编1个双耳酢浆草结。

3. 串入1颗珠子。

4. 2段线回穿入双耳酢浆草结的耳翼，各编1个双环结。

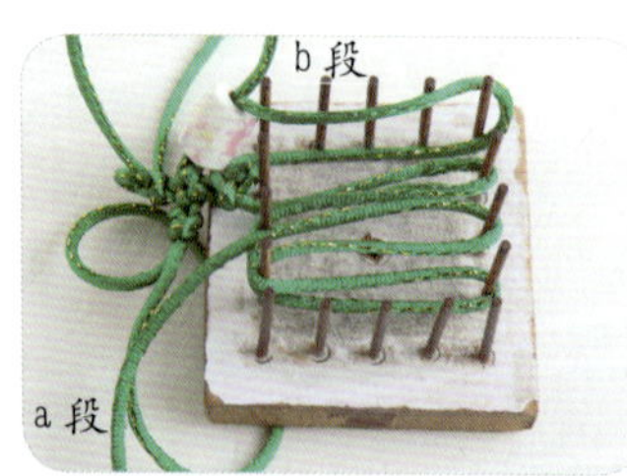

5. 上钉板，a段如图走8行横线，注意耳翼的位置。由此开始编1个叠翼盘长结。

6. b段如图走8行纵线。

7. a段在左下角绕出1个耳翼后如图包着横线走两行纵线。

8. a段向左走两行纵线。

9. a段向右再走两行纵线。

10. a段继续走出两行纵线。

11. b段绕过右上角，钩子挑2线，压1线，挑3线，压1线，挑3线，压1线，挑1线，钩住b段并拉出。

12. b段挑第二、第四、第六行b纵线，向右走出1行横线。

13. b段仿照步骤11~12的做法，向上走出两行横线。

14. b段向下绕过两颗钉子，再仿照步骤11的做法，向左走出1行横线。

15. 重复步骤12的做法。

16. 钩子挑2线，压1线，挑3线，压1线，挑3线，压1线，挑1线，钩住b段并拉出。

17. 重复步骤12的做法。

18. 从钉板上取出结体。

19. 调整结体，确定并拉出10个耳翼。

20. 编1个双联结。

21. 串入1个月牙配件后编秘鲁结收尾，剪线。

22. 加1根B玉线，编1个双联结。

23. a段如图在钉板上走4行横线，开始编1个复翼盘长结。

24. b段如图走4行纵线。

25. a段绕过左下角走出1个耳翼后如图包着横线走两行纵线。

26. a段挑2线，压1线，挑2线，向右走1行横线。

27. a段压2线，挑1线，压2线，向左走1行横线。

28. a段包着各行纵横线，走两行纵线。

29. a段向右走出1个耳翼，再重复步骤28的做法。

30. b段绕过右上角走出1个耳翼，然后用钩子挑2线，压1线，挑3线，压1线，挑2线，钩住b段后拉出。

31. b段挑第二、第四行b纵线，向右走1行横线。

32. 钩子压1线，挑3线，压1线，挑1线，压1线，钩住b段后拉出。

33. b段如图压挑，向上走1行纵线。

34. 钩子压1线，挑3线，压1线，挑2线，压1线，钩住b段并拉出。

35. b段挑第二、第四、第六行纵线，向右走1行横线。

36. 重复步骤30的做法。

37. 重复步骤31的做法。

38. 从钉板上取出结体。

39. 调整好结体，确定并拉出耳翼，再编1个双联结。

40. 用余线绑1束流苏线。

41. 整理好流苏线，在上端绕1厘米金线。

42. 另一段余线同法加流苏。

43. 完成。

岁月静好

材料与工具

350厘米5号韩国丝1根，香囊3个，流苏3条，钉板，钩子。

制作过程

1. 取5号韩国丝对折，留出挂耳，编1个双联结。

2. 上钉板，a段如图走4行横线，开始编1个六耳盘长结。

3. b段挑第三行横线，走4行纵线。

4. a段包着4行横线，如图走4行纵线。

5. 钩子挑2线，压1线，挑3线，压1线，挑1线，钩住b段并拉出。

6. b段挑第二、第四行b纵线，向右走1行横线。

7. 重复步骤5~6的做法。

8. 从钉板上取出结体。

9. 调整好结体，确定并拉出6个耳翼。

10. 编1个双联结。

11. 两段线同串1个香囊。

12. 编1个双联结。

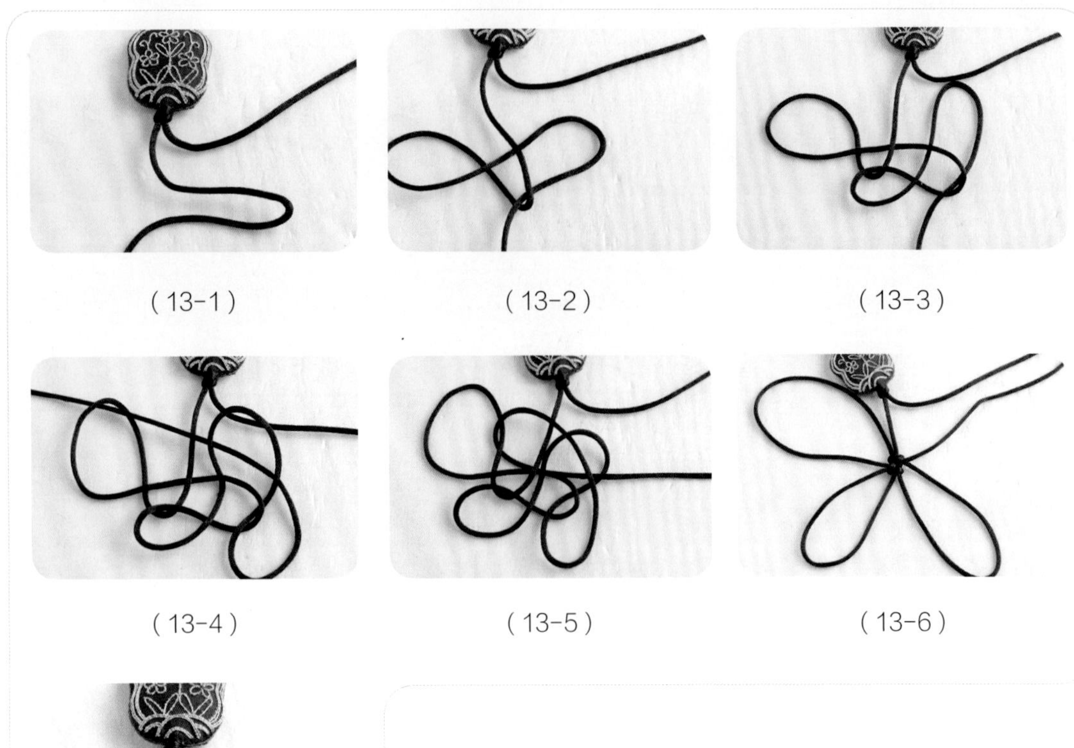

(13-1)　(13-2)　(13-3)

(13-4)　(13-5)　(13-6)

(13-7)

13. 其中一段线留合适的长度后依照图中步骤，编1个三耳酢浆草结。

14. 另一段线同法编1个三耳酢浆草结。

15. 两段线合在一起编1个双耳酢浆草结。

16. 编1个双联结。

17. 串入1个香囊后编1个双联结。

18. 重复步骤13~16的做法。

19. 重复步骤17的做法。

20. 如图继续编酢浆草结与双联结。

21. 如图编好两个三耳酢浆草结和1个双耳酢浆草结。

22. 两段线同串入1条流苏。

23. 一段线再串入1条流苏，如图再串过三耳酢浆草结的1个耳翼。

24. 回穿过流苏。

25. 另一段线同法串入1条流苏。

26. 拉紧线，使3条流苏并列排好。

27. 在中间编1个单结。

28. 剪线，整理好流苏。

29. 完成。

普天同庆

材料与工具

头绳1根，210厘米、70厘米B玉线各1根，股线，金线，包布1段，陶瓷配件1个，招财猫配件2个，流苏1条，钉板，钩子，套色针。

制作过程

1. 将头绳两端用打火机略烧后对接成圈，再加1根210厘米的B玉线，编1个双联结。

2. 在头绳加线的一端粘上一段双面胶，用股线绕合适的长度后再用包布包在外面作为装饰。

3. 上钉板，a段如图走四长四短8行横线，开始编1个磬结。

4. b段如图压挑，走8行纵线。

5. a段包着8行横线走4行纵线。

6. 钩子挑2线，压1线，挑3线，压1线，挑1线，压1线，挑1线，压1线，挑1线，钩住b段并拉出。

7. b段如图挑第二、第四、第六、第八行b纵线，向右走1行横线。

8. 仿照步骤6~7的做法，再走两行横线。

9. 钩子挑2线，压1线，挑3线，压1线，挑1线，钩住a段并拉出。

10. a段挑第二、第四行b纵线，向右走1行横线。

11. 仿照步骤9~10的做法，再走两行横线。

12. 钩子挑2线，压1线，挑3线，压1线，挑1线，钩住b段并拉出。

13. b段挑第二、第四行b横线，向下走1行纵线。

14. 仿照步骤12~13的做法，再走两行纵线。

15. 从钉板上取出结体。

16. 编1个双联结。

17. 加1根70厘米的B玉线，如图走线。

18. 从右上角走向右下角，注意留出合适的长度。

19. 如图编1个双钱结。

20. 穿过结体向上走线。

21. 结合右上角预留的线，编1个双钱结。

22. 仿照步骤17穿出1个耳翼。左边同法走线，编双钱结，剪线。

23. 如图走1根金线。

24. 仿照双钱结的走法再走1次金线。

25. 走好金线。

26. 用原来的B玉线编1个双耳酢浆草结和1个双联结。

27. 依次串入招财猫配件、陶瓷配件，编双联结。

28. 两段线各加1条流苏，编单结，剪线。

29. 完成。

静谧美好

材料与工具

450厘米4号韩国丝1根，流苏线2束，大木珠1颗，钉板2个，钩子。

制作过程

1. 取1根4号韩国丝对折，留出挂耳，编1个双联结。

2. 留出合适的长度，两段线各编1个三耳酢浆草结。

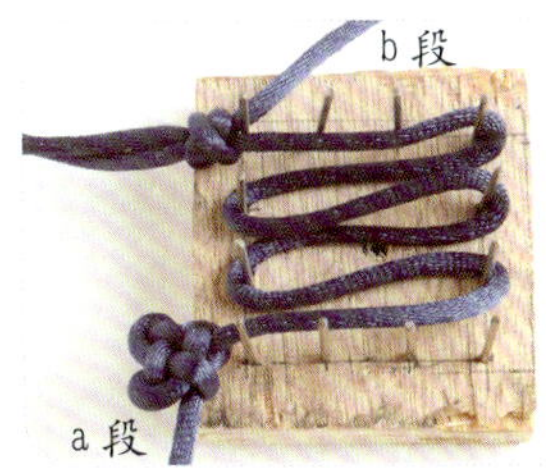

3. 上钉板，a段如图走出6行横线，并将酢浆草结调整到左下角的位置。

4. b段如图走6行纵线，将酢浆草结调整到右上角的位置。

5. a段包着6行横线走出6行纵线。

6. 钩子挑2线，压1线，挑3线，压1线，挑3线，压1线，挑1线，钩住b段并拉出。

7. b段挑第二、第四、第六行b纵线，向右走1行横线。

8. 仿照步骤6~7的做法，再走4行横线。

9. 从钉板上取出结体，调整好结体，确定并拉出耳翼。

10. 编1个双联结。

11. 串入1颗大木珠，编1个双联结。

12. 上钉板，a段如图走3行横线，绕出耳翼左①。

13. a段如图再走出5行横线，绕出耳翼左②、左③。

14. b段如图挑压各行横线，走出4行纵线，绕出耳翼右①。

15. 仿照步骤13的做法，绕出耳翼右②、右③。

16. a段如图绕出耳翼左④，然后包着各行横线走两行纵线。

17. a段如图绕出耳翼左⑤，再走两行纵线。

18. a段如图绕出耳翼左⑥，再走两行纵线。

19. a段如图绕出耳翼左⑦，再走两行纵线。

20. b段绕出耳翼右④，然后用钩子挑2线，压1线，挑3线，压1线，挑3线，压1线，挑3线，压1线，挑1线，钩住b段并拉出。

21. b段挑第二、第四、第六、第八行b纵线，向右走1行横线。

22. b段如图绕出耳翼右⑤，再仿照步骤20的做法，走1行横线。

23. 仿照步骤21的做法再走1次线。

24. b段绕出耳翼右⑥，再仿照步骤20的做法，走1行横线。

25. 仿照步骤21的做法再走1次线。

26. b段绕出耳翼右⑦，再仿照步骤20的做法，走1行横线。

27. 仿照步骤21的做法再走1次线。

28. 从钉板上取出结体，调整好结体，确定并拉出耳翼，再编1个双联结。

29. 用其中的一段余线绑1束流苏线。

30. 在流苏顶部绕2厘米线。

31. 另一段余线同法绑流苏，完成。

吉庆祥瑞

材料与工具

120厘米4号韩国丝3根，30厘米4号韩国丝1根，扇形挂饰1个，流苏2条，钉板，钩子，套色针。

制作过程

1. 取1根120厘米藏青色4号韩国丝对折，留出挂耳，编1个双联结。

2. 上钉板，a段如图走线。

3. b段如图压挑a段走出的线。

4. b段依次绕出耳翼①、②、③后再如图压挑走线。

5. a段如图绕出耳翼④。

6. a段如图绕出耳翼⑤。

7. a段如图压挑走线。

8. a段绕出耳翼⑥后回穿耳翼④。

9. a段如图压挑走线。完成1个空心八耳团锦结。

10. 从钉板上取出结体，确定并拉出耳翼。

11. 另取1根120厘米黄色4号韩国丝，穿过结体。

12. 如图绕出1个耳翼。

13. 同法再绕出7个耳翼。

14. 翻面，同法绕8个耳翼。

15. 另取1根120厘米棕色4号韩国丝，穿过结体。

16. 如图绕出1个耳翼。

17. 同法再绕出7个耳翼。

18. 翻面，同法绕8个耳翼。

19. 处理好线尾。

20. 用藏青色4号韩国丝编1个双联结。

21. 串入扇形挂饰后编1个秘鲁结收尾，剪线。

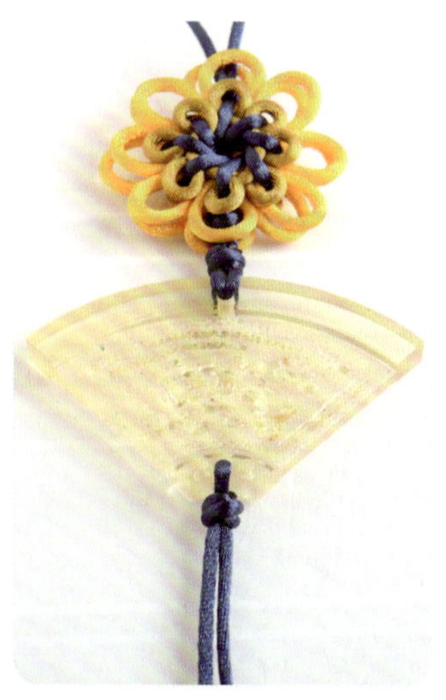

22. 另取1根30厘米4号韩国丝，穿过扇形挂饰底部的孔，编1个双联结。

23. 两段线各绑上1条流苏。

24. 整理好流苏，完成。

热情迎客

材料与工具

头绳1根，240厘米5号韩国丝1根，150厘米6号韩国丝1根，壶形配件1个，陶瓷珠1颗，金属扣1个，流苏3条，钉板，钩子。

制作过程

1. 用打火机将头绳两端略烧后对接成圈。

2. 串入1个金属扣，加1根240厘米5号韩国丝。

3. 编1个双联结。

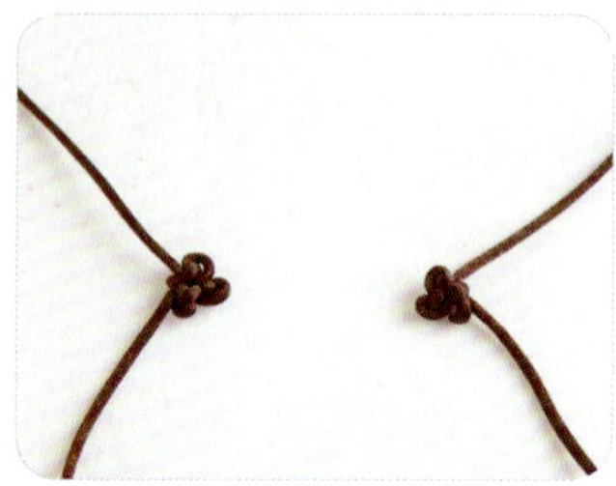

4. 两段线各留出合适的长度，编1个三耳酢浆草结。

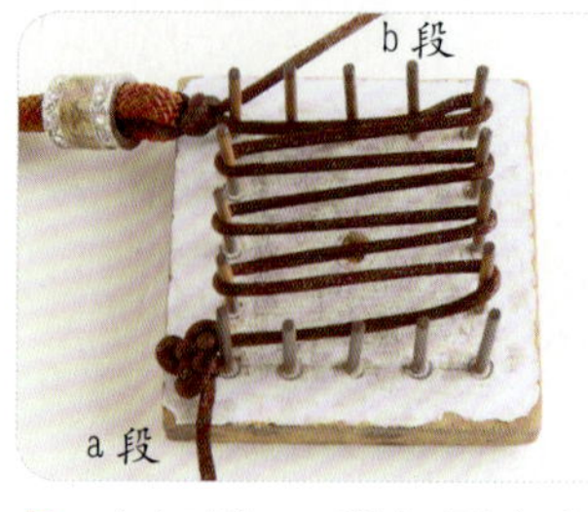

5. 上钉板，a段如图走出8行横线，将三耳酢浆草结调整到左下角。

6. b段如图压挑各行横线，走8行纵线，将三耳酢浆草结调整到右上角。

7. a段如图包着8行横线走8行纵线。

8. 钩子挑2线，压1线，挑3线，压1线，挑3线，压1线，挑3线，压1线，挑1线，钩住b段。

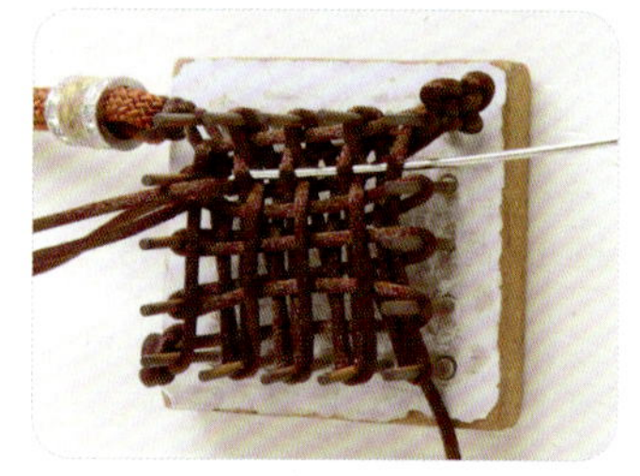

9. 拉出b段，然后钩子挑第二、第四、第六、第八行b纵线，钩住b段并拉出。

10. 重复步骤8~9的做法，再走6行横线。

11. 从钉板上取出结体。

12. 调整好结体，拉出如图耳翼，编1个双联结。

13. 用套色针串入1根150厘米6号韩国丝，穿过结体。

14. 向下穿过耳翼，回穿到左上方。

15. 右边同法走线。

16. 将线走向左边，穿过左上方的耳翼，回穿到右边。

17. 右边同法走线。

18. 剪线，处理好线尾。

19. 如图串入壶形配件和陶瓷珠，编1个双联结。

20. 两段线各留出合适的长度，编1个三耳酢浆草结。

21. 两段线合在一起编1个双耳酢浆草结，再编1个双联结。

22. 加上3条流苏。

23. 整理好流苏，完成。

相依相随

材料与工具

180厘米B玉线1根，头绳1根，金线1根，菠萝扣1个，玉石配件1块，木珠1颗，珠子若干，流苏2条。

制作过程

1. 用打火机将头绳两端略烧后对接成圈。

2. 将180厘米 B玉线对折，包着头绳编1个双联结。

3. 在头绳的一端串进 1 个菠萝扣。

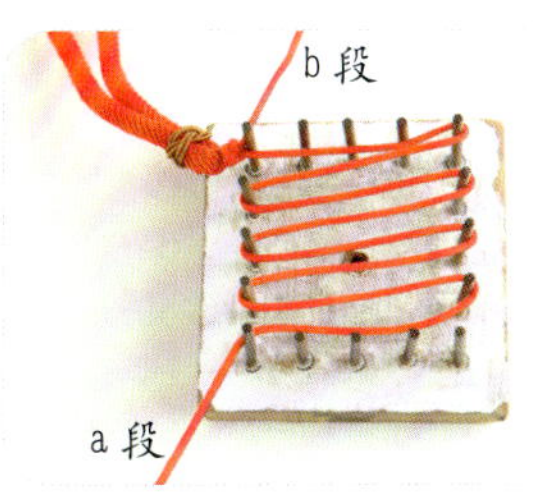

4. 上钉板，a 段如图走 8 条横线。

5. b 段如图挑压横线，走 8 条纵线。

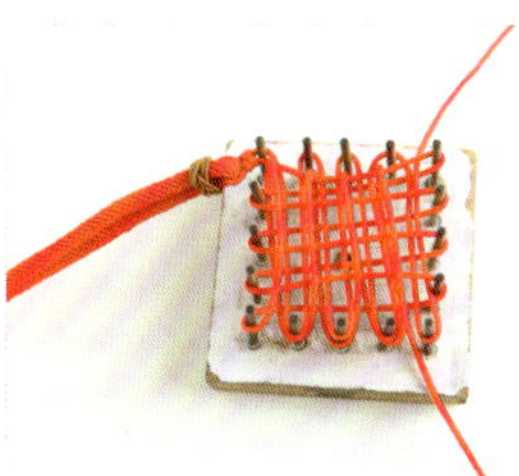

6. a 段继续如图走线。

7. 钩子如图穿过结体，钩住 b 段。

8. 拉出b段。

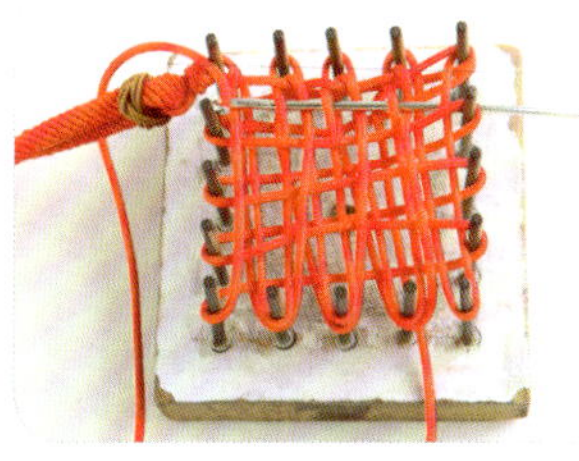

9. 钩子如图压挑纵线，钩住 b 段。

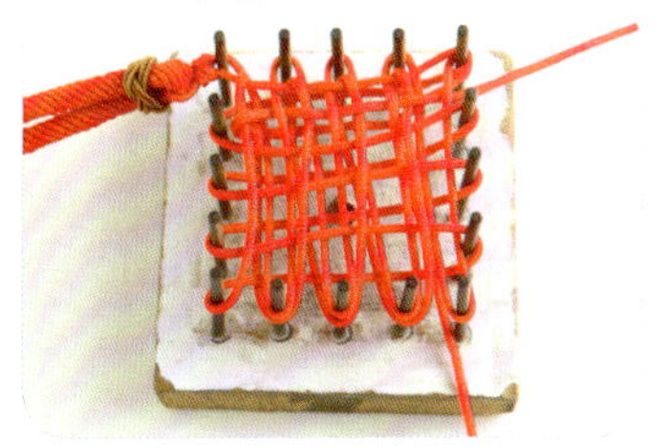

10. 拉出b段。

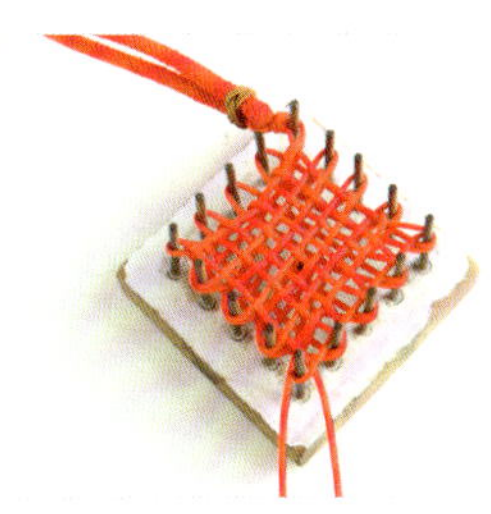

11. 重复步骤7~10，完成十四耳盘长结接下来的部分。

12. 从钉板上取出结体。

13. 调整好结体。

14. 在结体下面编 1 个双联结。

15. 如图在盘长结上加金线。

16. 用金线包住盘长结的1个耳翼。

17. 继续走线。

18. 在双联结下面串入1颗木珠，再编1个双联结。

19. 串入玉石配件后如图编秘鲁结并处理好线尾。

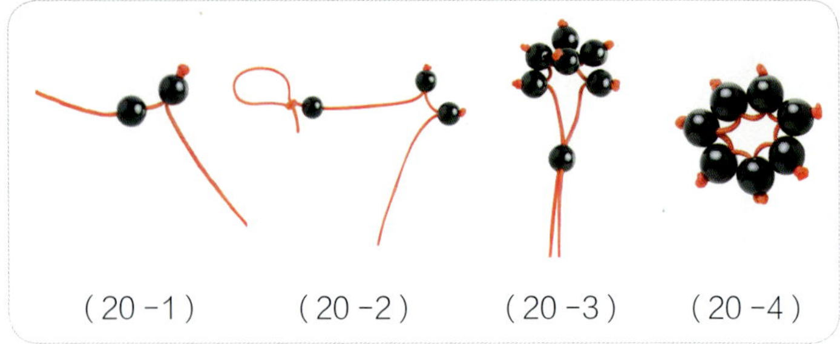

20. 如图串好串珠配件，共串两个。

21. 加B玉线串过玉石配件，如图依次串入珠子和串珠配件。

22. 将珠子和串珠配件紧靠在一起，并在下面编双联结。

23. 如图加流苏。

24. 将流苏底部剪齐。

25. 完成。

其他挂饰

万事如意

材料与工具

120厘米芊绵线1根，金线，流苏线1束，景泰蓝饰珠1颗，钉板，钩子。

制作过程

1. 取1根芊绵线对折，留出挂耳，编1个双联结。

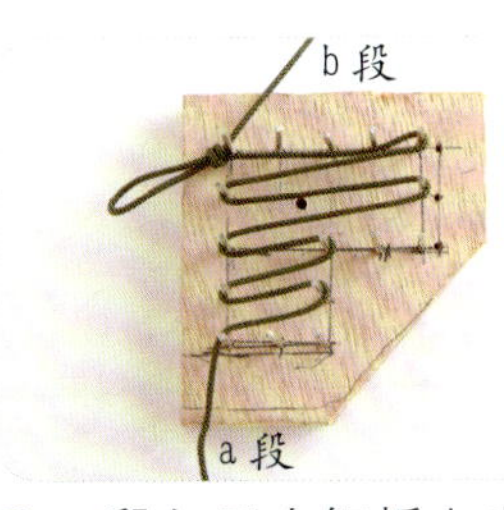

2. a 段如图在钉板上走四长四短的 8 行横线，开始编 1 个磬结。

3. b 段如图走四长四短的 8 行纵线。

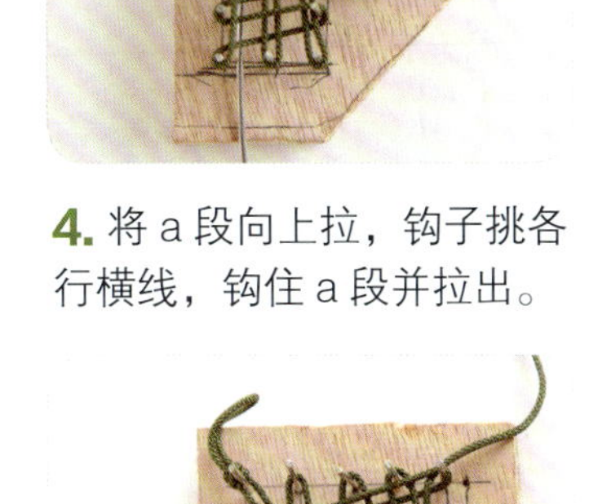

4. 将 a 段向上拉，钩子挑各行横线，钩住 a 段并拉出。

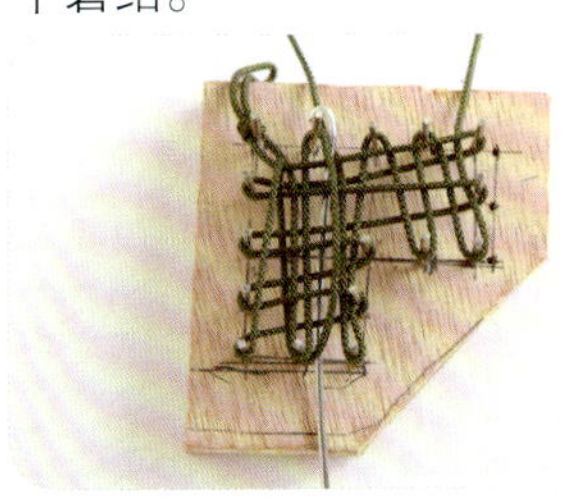

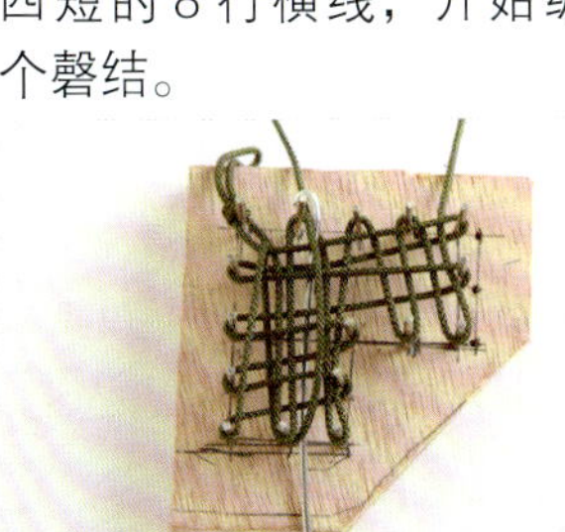

5. 重复步骤 4 的做法。

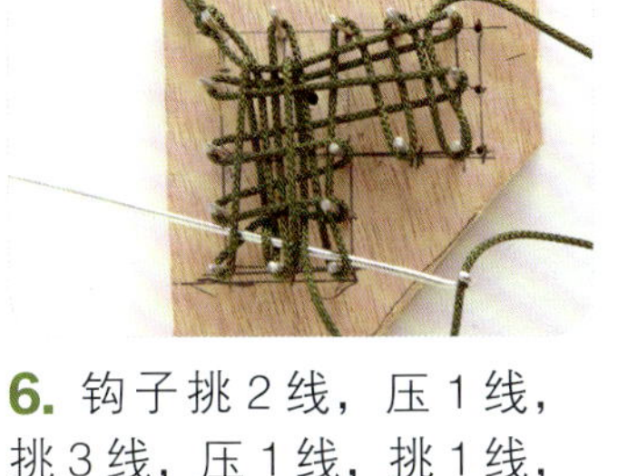

6. 钩子挑 2 线，压 1 线，挑 3 线，压 1 线，挑 1 线，钩住 a 段并拉出。

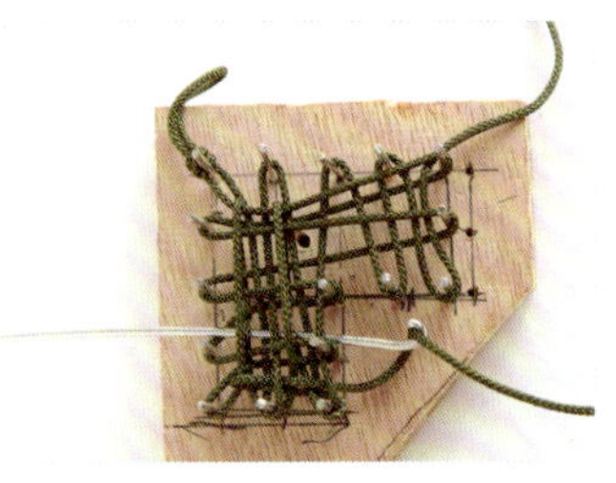

7. a 段挑第二、第四行 b 纵线，再重复前面的做法。

8. 钩子挑 2 线，压 1 线，挑 3 线，压 1 线，挑 1 线，压 1 线，挑 1 线，压 1 线，挑 1 线，钩住 b 段并拉出。

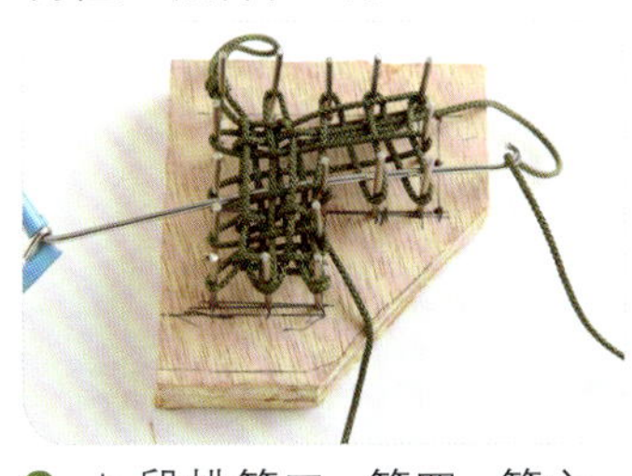

9. b 段挑第二、第四、第六、第八行 b 纵线，再重复前面的做法。

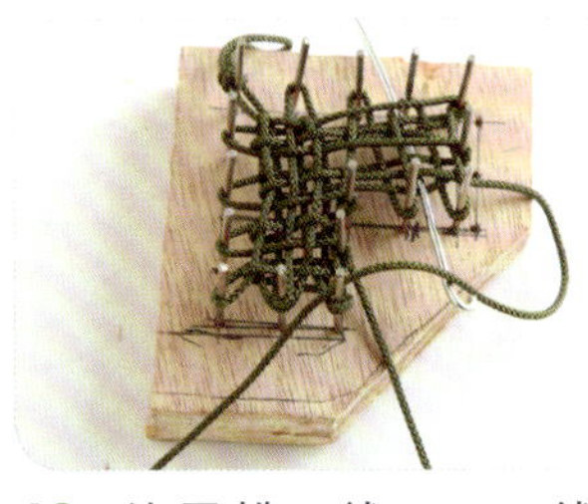

10. 钩子挑 2 线，压 1 线，挑 3 线，压 1 线，挑 1 线，钩住 b 段并拉出。

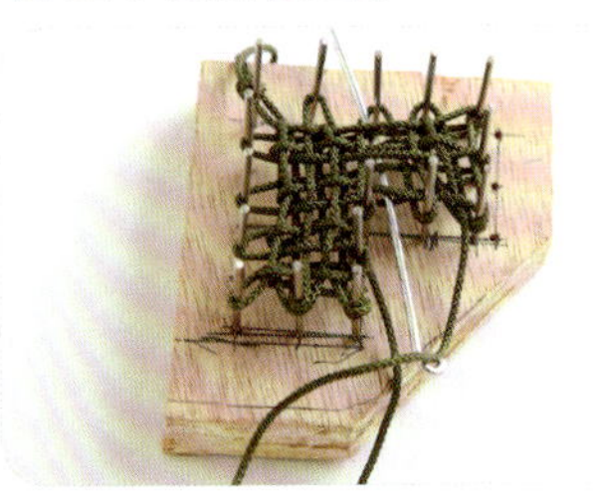

11. b 段挑第二、第四行横线，向下走 1 行纵线，再重复前面的做法。

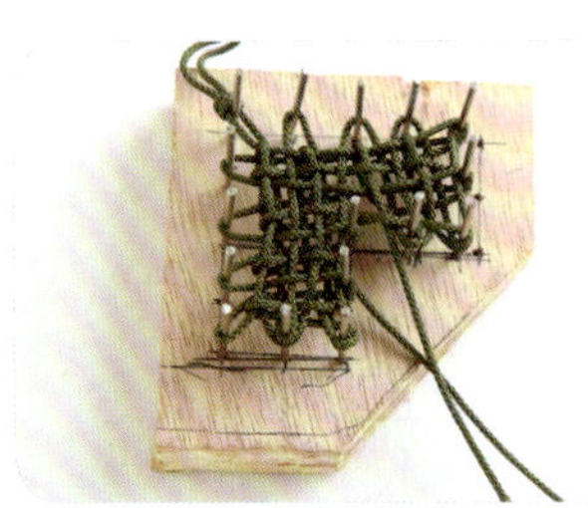

12. b 段继续走 1 行纵线。

13. 从钉板上取出结体。

14. 调整好结体，编 1 个双联结。

15. 串入 1 颗景泰蓝饰珠，绑 1 束流苏线。

16. 整理好流苏，完成。

财运亨通

材料与工具

80 厘米绕线 1 根，网面珠子 1 颗，流苏 1 条。

制作过程

1. 将绕线对折，编 1 个双联结。

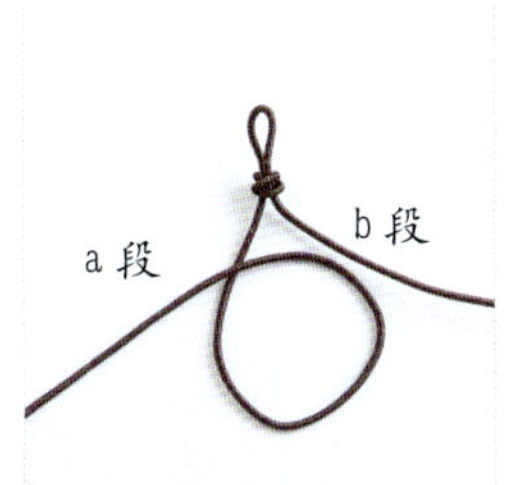

2. a 段向上绕 1 个圈，开始编 1 个双线双钱结。

3. a 段绕出的圈压住 b 段，将 b 段向上绕，压住 a 段。

4. b 段如图挑压。

5. 拉紧线，调整好结体。

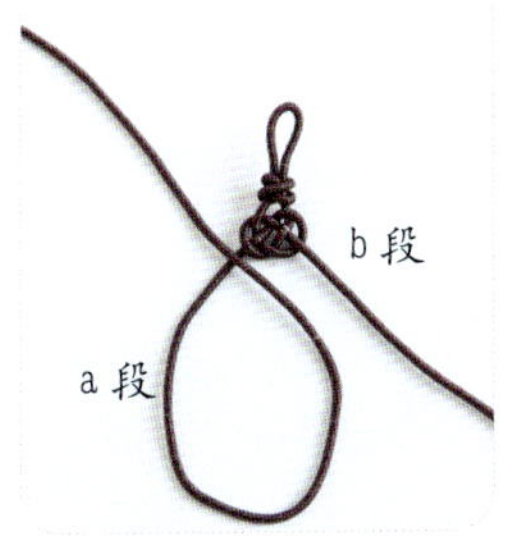

6. a 段向上绕圈，开始编 1 个单线双钱结。

7. a 段如图在第一个圈的上面再绕 1 个圈。

8. a 段如图压挑，完成单线双钱结剩下的部分。

9. 拉紧，调整好结体。

10. b 段同法编 1 个单线双钱结。

11. 用两段线编 1 个双线双钱结。

12. 拉紧，调整好结体。

13. 编 1 个双联结。

14. 两段线同串入 1 颗网面珠子。

15. 串入流苏，打 1 个单结，处理好线尾。

16. 完成。

简约之美

材料与工具

40 厘米 A 玉线 3 根，股线，流苏线 1 束，珠子若干。

制作过程

1. 取1根A玉线交叉摆放，用股线绕2厘米。

2. 拉成圈。

3. 另取1根A玉线，如图串入珠子。

4. 处理好线尾，制成1个珠圈。

5. 用拉圈的余线同串入1颗珠子，再串入珠圈。

6. 如图绑1束流苏线。

7. 串入1颗珠子。

8. 整理好流苏。

9. 另取1根A玉线，留出挂耳，编1个双联结。

10. 两段线同串入两颗珠子，再用一段线穿过拉圈。

11. 回穿珠子，编1个秘鲁结，剪掉余线。

12. 完成。

幸运吉祥

材料与工具

100厘米A玉线1根，100厘米72号线1根，股线，流苏线1束，珠子1颗。

制作过程

1. 取 1 根 A 玉线，用股线在中部绕 1.5 厘米的宽度。

2. 对折，编 1 个双联结，使绕线部位为挂耳。

3. 同法再绕 6 段线。

4. 两段线各编 1 个三耳酢浆草结。

5. 两段线合在一起编 1 个双耳酢浆草结。

6. 编 1 个双联结。

7. 用 72 号线包住 1 束红色流苏线绕 4.5 厘米。

8. 剪线，弯成半圆状。

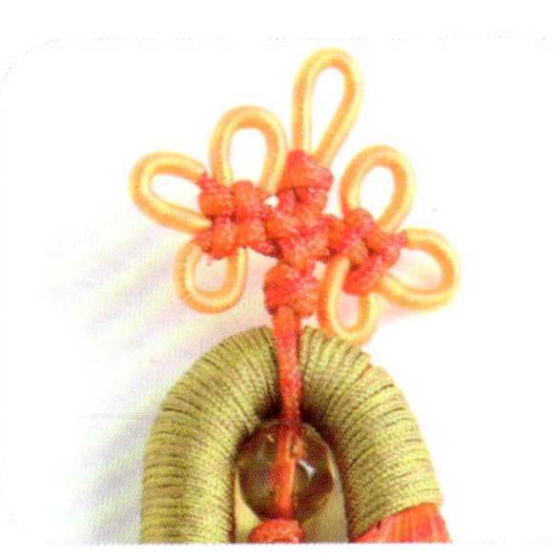

9. 如图用步骤 6 中的余线串过流苏，串入 1 颗珠子，再编 1 个双联结。

10. 用黄色、蓝色股线如图绕线。

11. 剪线。

12. 完成。

花團锦簇

材料与工具

120厘米B玉线1根，流苏2条，珠子若干，钉板，钩子。

制作过程

1. 将B玉线对折，留出挂耳，编1个双联结。

(2-1)

(2-2)

(2-3)

(2-4)

2. 上钉板，编1个空心八耳团锦结。

3. 从钉板上取出结体。

4. 在结体中间放入1颗珠子。

5. 确定并拉出耳翼，拉紧结体，将珠子裹住，再编1个双联结。

6. 用一段余线串入2颗珠子。

7. 加1条流苏。

8. 另一段余线同法串入珠子，加流苏。

9. 整理好流苏，完成。

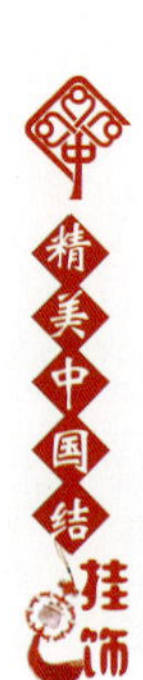

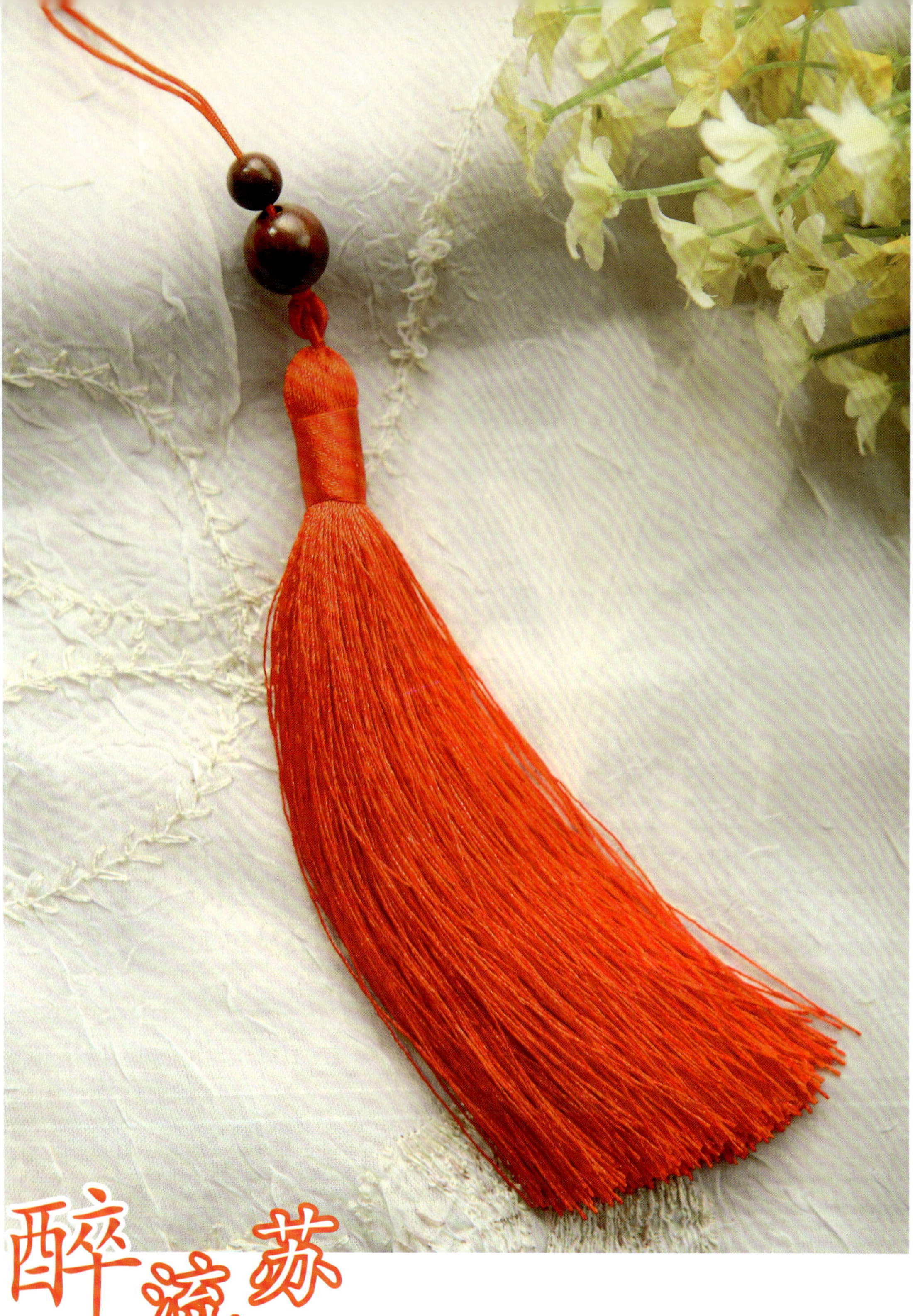

醉流苏

材料与工具

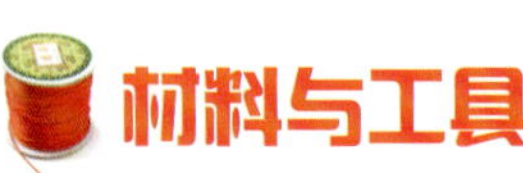

60厘米72号线2根，流苏线1束，珠子2颗。

制作过程

1. 取1根72号线对折，串入两颗珠子。

2. 在下端编 1 个双联结。

3. 在双联结下方用股线包住 72 号线绕 2 厘米宽，绕好后编单结。

4. 拉成圈。

5. 剪线，处理好线尾。

6. 加 1 根 72 号线，交叉摆好，用股线绕 2 厘米宽。

7. 拉圈。

8. 用拉圈的余线绑上 1 束流苏线。

9. 用股线包着流苏上端绕 1 厘米。

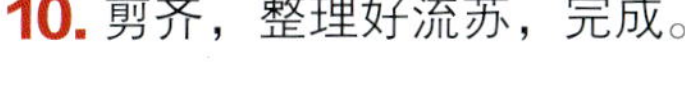

10. 剪齐，整理好流苏，完成。

摇曳生姿

材料与工具

60厘米A玉线1根，流苏2条，珠子若干，发簪1枚，单圈1个。

制作过程

1. 如图在发簪尾端加1个单圈，并在上面加1根A玉线，编1个双联结。

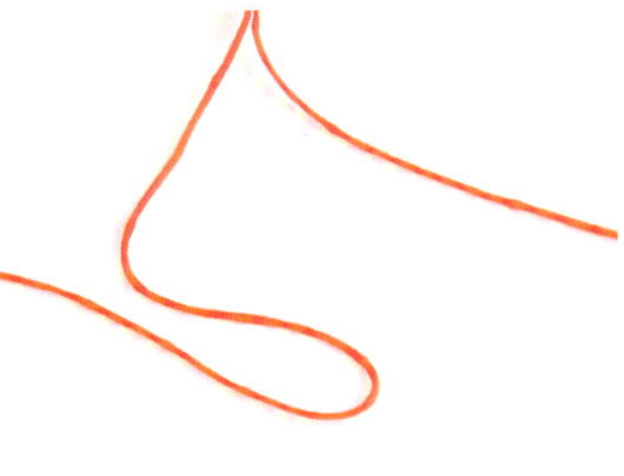

（2-1）

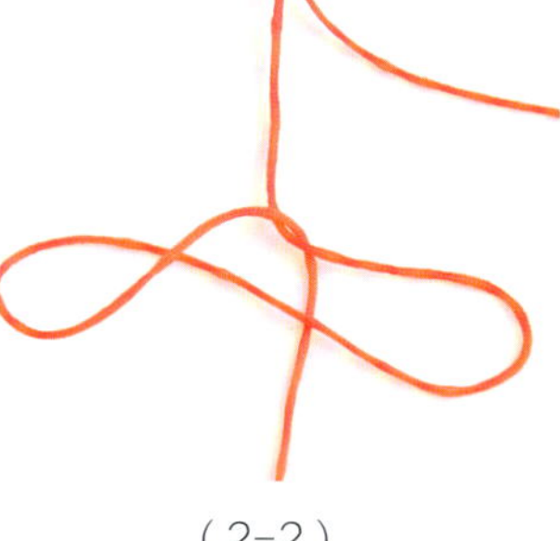

（2-2）

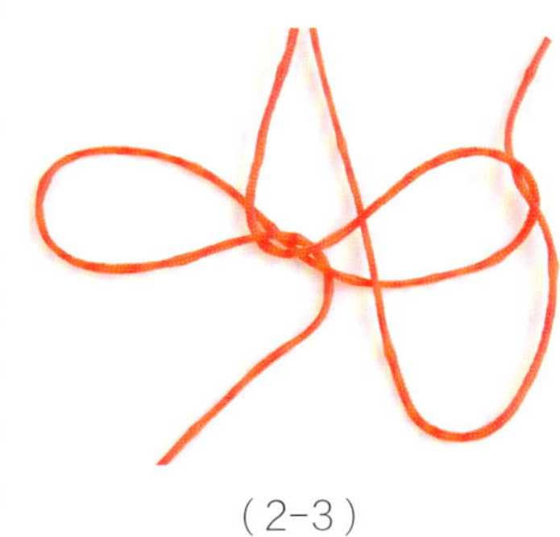

（2-3）

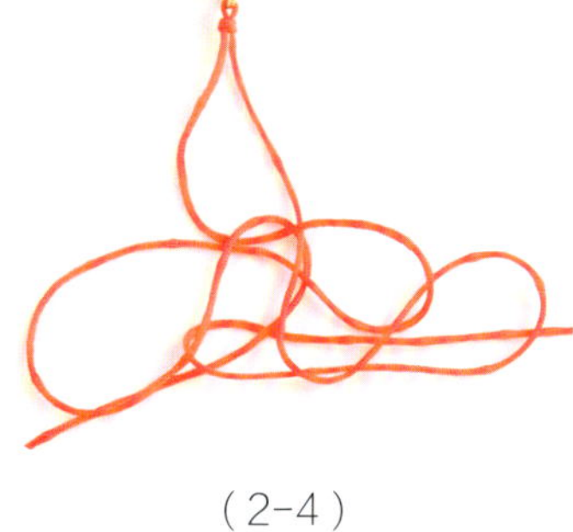

（2-4）

（2-5）

2. 编 1 个双耳酢浆草结。

3. 编1个双联结。

4. 其中一段线依次串入珠子。

5. 加 1 条流苏。

6. 另一段线同法串珠子，加流苏。

7. 完成。

高雅华贵

材料与工具

200厘米4号韩国丝1根，银线，流苏1条，发簪1枚，单圈1个。

制作过程

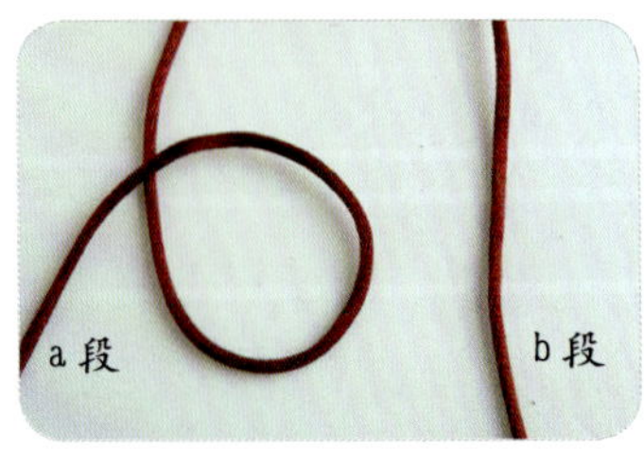

1. 取1根4号韩国丝对折，a段按逆时针方向绕1个圈。

2. b段套进圈里，如图压挑。

3. b段如图压挑，向右穿出。

4. a段如图逆时针压挑，再绕1个圈。

5. b段如图逆时针走线，从上往下穿过中间的洞。

6. 拉紧两段线，留出挂耳，调整好结体。

（7-1）

（7-2）

7. 重复步骤 1~5 的做法。

8. 根据线的走向再走3次线。

9. 拉紧线，调整好结体，完成1个十边纽扣结。

10. 再编 1 个纽扣结。

11. 加1条流苏。

12. 用套色针穿1根银线，穿过十边纽扣结的结体。

13. 走出如图曲线。

14. 流苏上的流苏帽同法走银线。

15. 用单圈将发簪和挂耳连接起来。

16. 完成。

有福来到

材料与工具

头绳1根，30厘米A玉线1根，80厘米绕线2根，流苏帽1个，玉珠1颗，拉圈1个，玉石配件1个，四边菠萝扣1个，珠子1颗，流苏线2束。

制作过程

1. 将头绳对折，两段线同串入1个四边菠萝扣，再用其中的一段线串入1颗玉珠。

2. 将头绳的两端用打火机略烧后对接起来。

3. 用绕线包住头绳绕1.5厘米。

4. 在拉圈中穿入两段绕线，再将绕线连在头绳上，用打火机略烧后对接起来。

5. 串入1个玉石配件，编秘鲁结收尾。

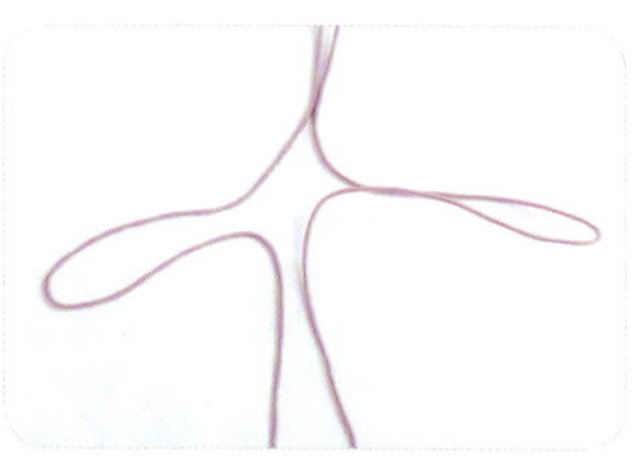

6. 另取1根绕线对折，拉出左右两个耳翼，开始编1个吉祥结。

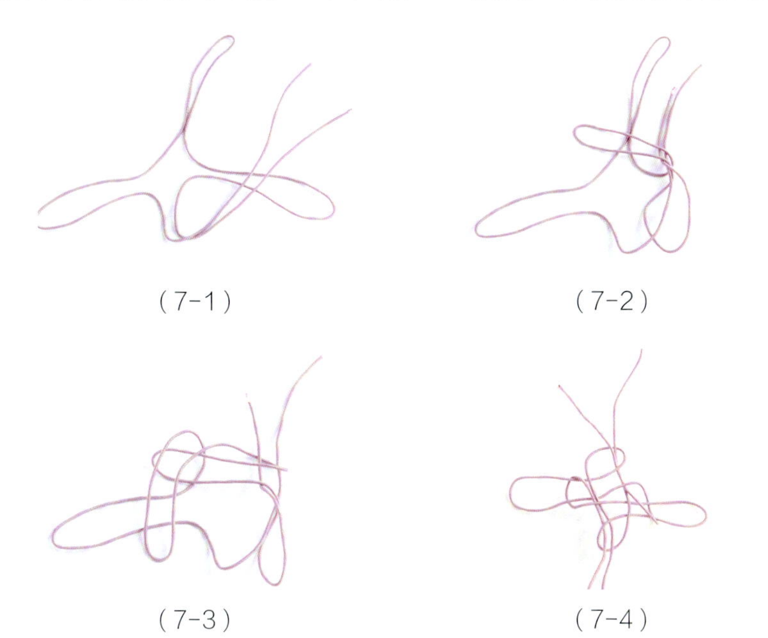

7. 各个方向的耳按逆时针方向互相挑压。

8. 另取1根绕线，再走1次线。

9. 将线拉紧，完成1个吉祥结。

10. 翻面，在吉祥结的后面编1个玉米结。

11. 编1个双联结。

12. 取一小段A玉线，穿过玉石配件和吉祥结后编1个秘鲁结收尾。

13. 串入1个流苏帽和珠子。

14. 加1条流苏，编单结，剪线。

15. 完成。

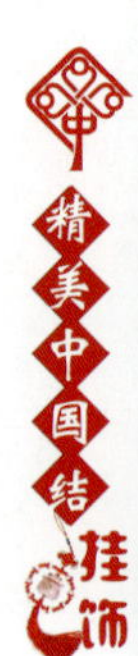

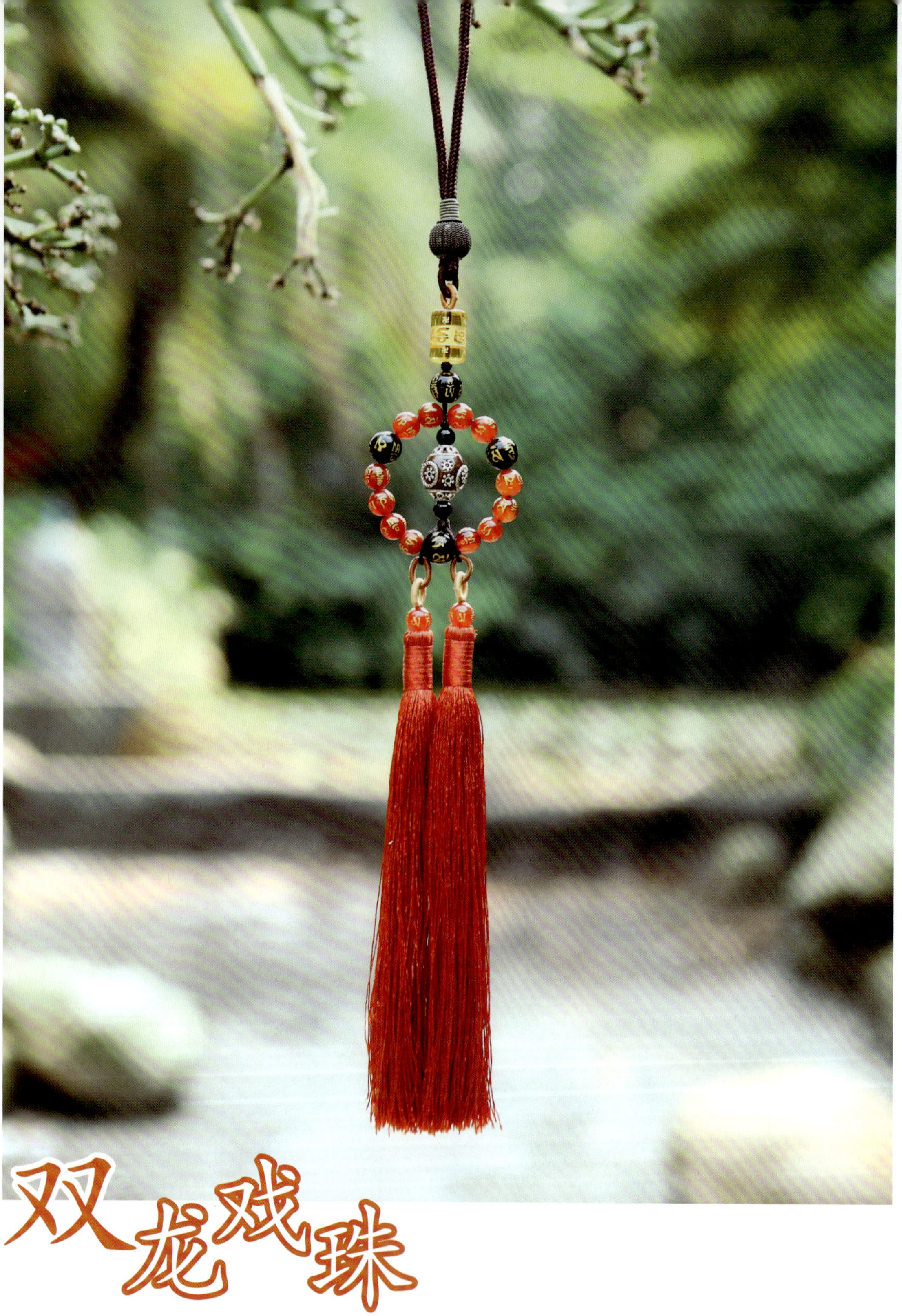

双龙戏珠

材料与工具

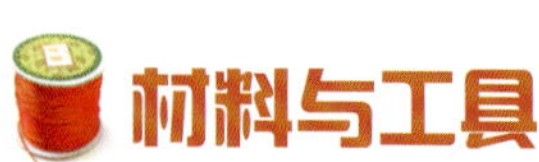

头绳1根，30厘米绕线1根，30厘米 A玉线6根，流苏线2束，珠圈1个，珠子若干。

制作过程

1. 用打火机将头绳的两端略烧后对接成圈。

2. 串入1颗珠子。

3. 用绕线包着头绳绕2厘米。

4. 加1根A玉线，如图交叉叠放，用绕线绕2厘米。

5. 拉成圈后剪掉余线。

6. 同法再拉1个圈，保留余线。

7. 用拉圈的余线串入1颗珠子，编1个双联结，再串1颗珠子。

8. 串入珠圈，编1个双联结。

9. 如图串入珠子。

10. 仿照前面的做法再做两个拉圈。

11. 用拉圈的余线串入1颗珠子，绑1束流苏线后在顶部绕线，共做两条流苏。

12. 两段线各加1条流苏。

13. 两段线各编1个单结。

14. 剪线，将流苏剪齐，完成。

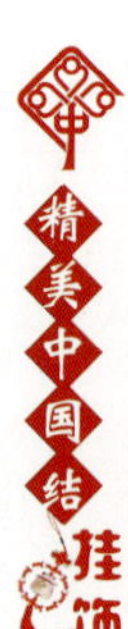

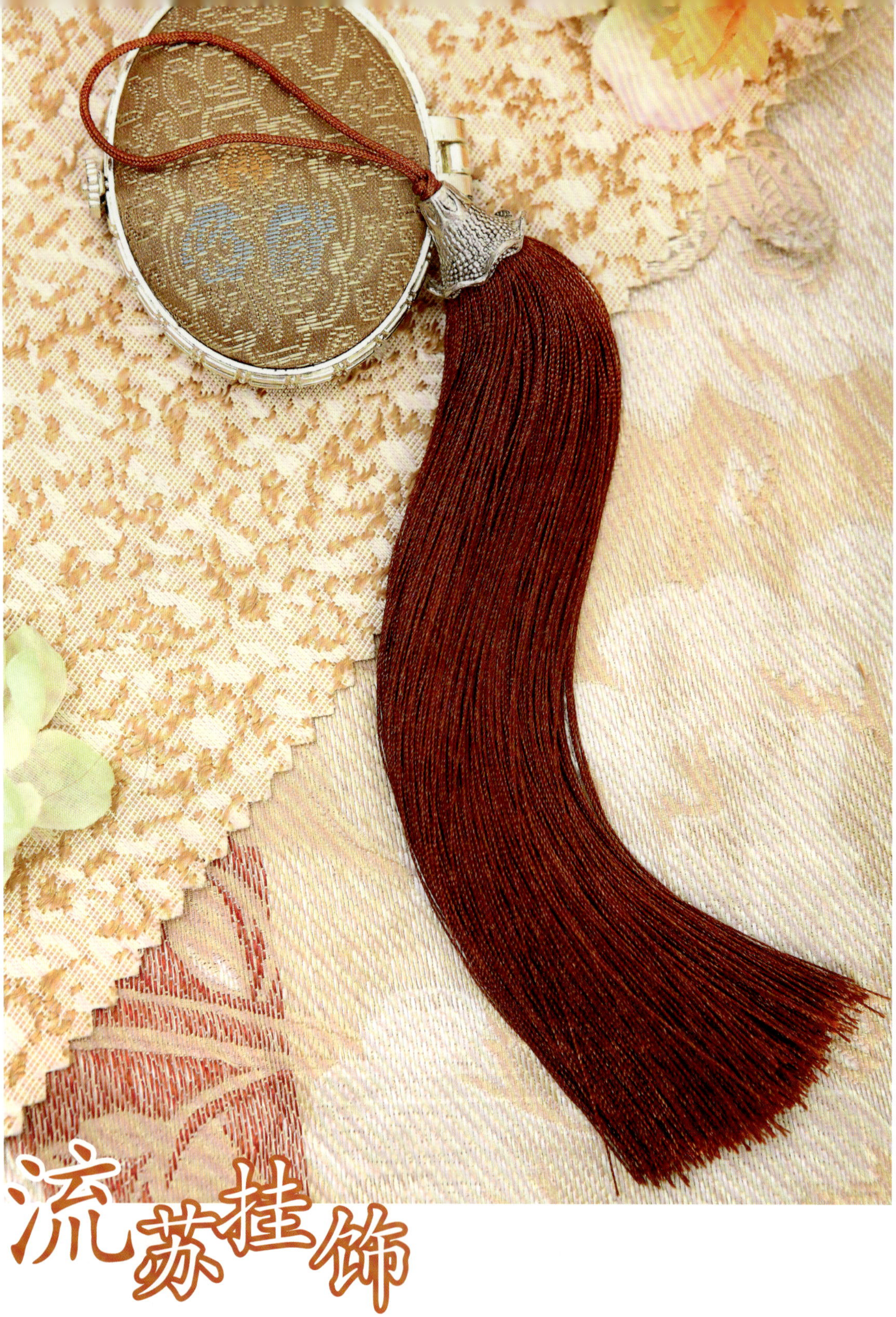

流苏挂饰

材料与工具

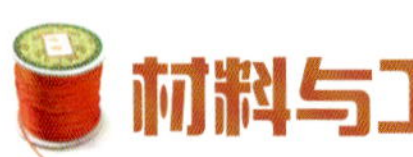

70厘米B玉线1根，流苏帽1个，流苏线1束，珠子1颗。

制作过程

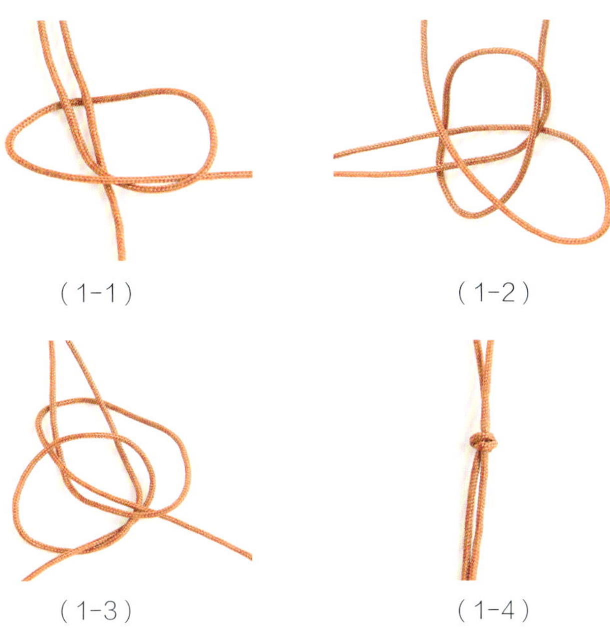

（1-1）（1-2）

（1-3）（1-4）

1. 取1根B玉线对折，编1个双联结。

2. 串入1个流苏帽。

3. 绑1束流苏线。

4. 串入1颗珠子。

5. 整理好后编两个单结。

6. 整理好流苏并剪齐。

7. 完成。

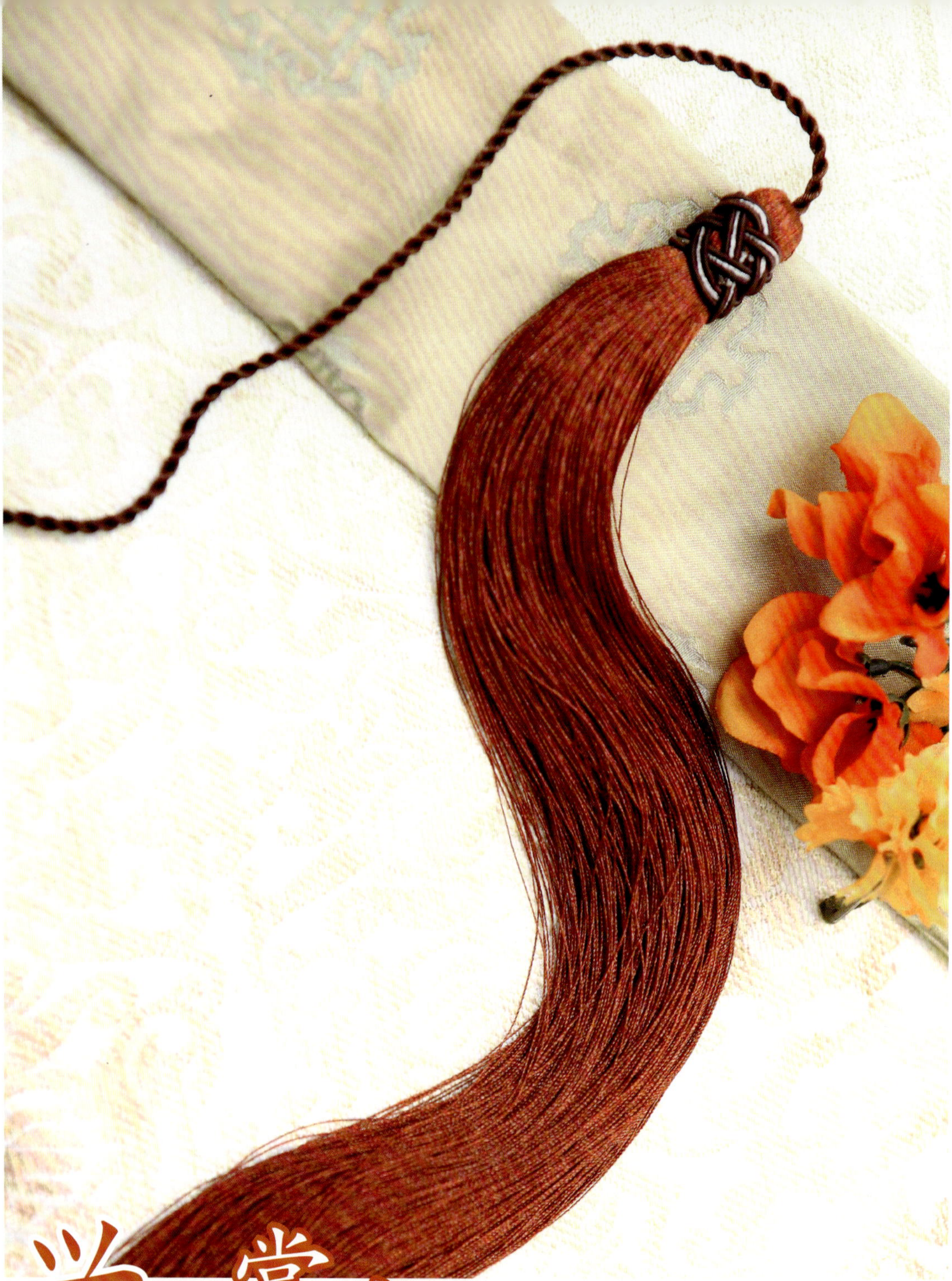

兴旺常来

材料与工具

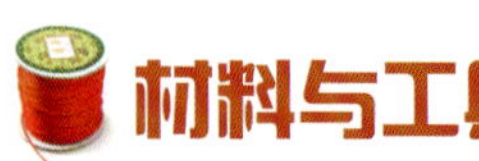

80厘米6号韩国丝1根，80厘米绕线1根，80厘米银线1根，流苏线1束，流苏管1个。

制作过程

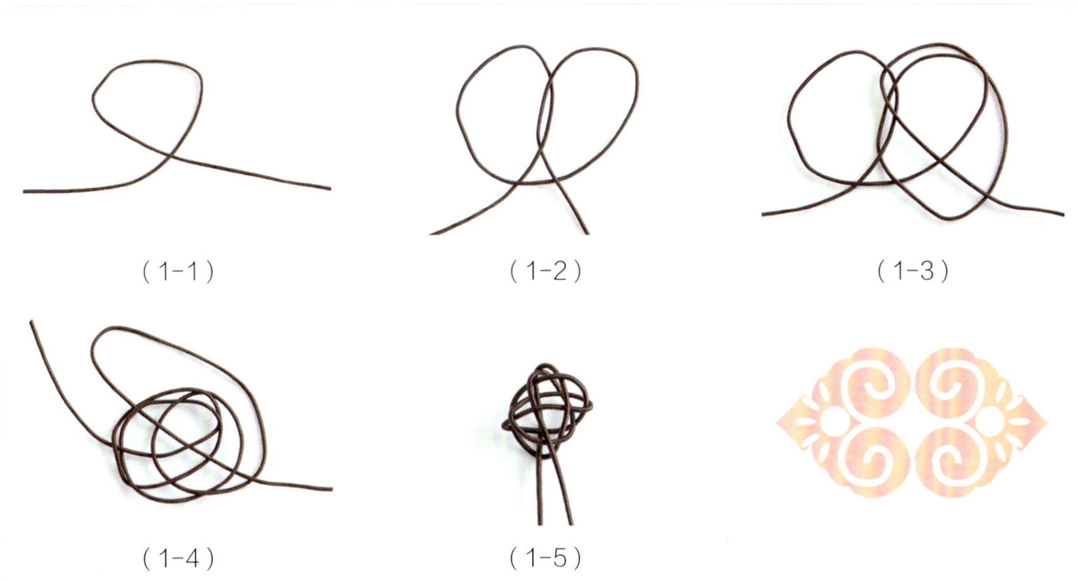

（1-1） （1-2） （1-3）

（1-4） （1-5）

1. 取1根绕线，依次如图压挑，编1个五边菠萝结。

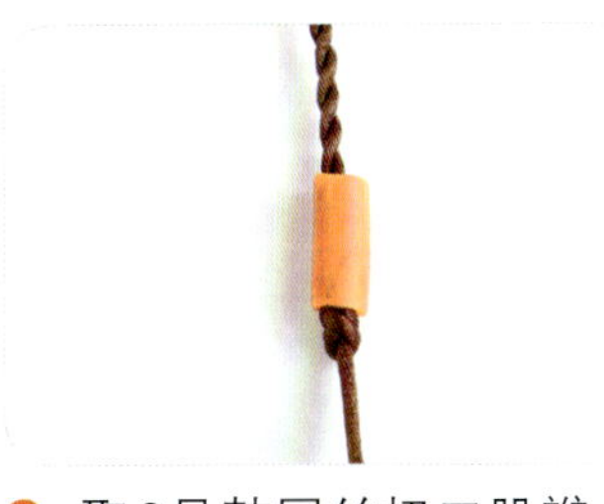

2. 取6号韩国丝扭二股辫，编1个单结，再如图串入1个流苏管。

3. 如图绑上1束流苏线。

4. 整理好流苏，套上五边菠萝结。

5. 绕线按五边菠萝结的压挑方法再走1次。

6. 如图走好线。

7. 在五边菠萝结上走1根银线。

8. 处理好线尾。

9. 将流苏剪齐。

10. 完成。

包罗万象

材料与工具

70厘米4号韩国丝1根，240厘米15股线1根，流苏线1束，木珠2颗。

制作过程

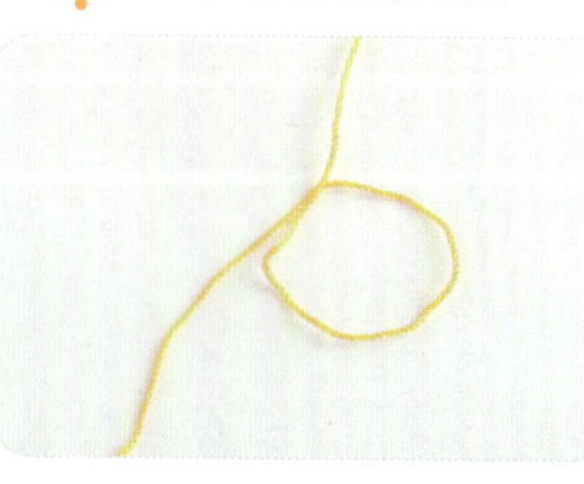

1. 取1根股线如图绕1个圈。

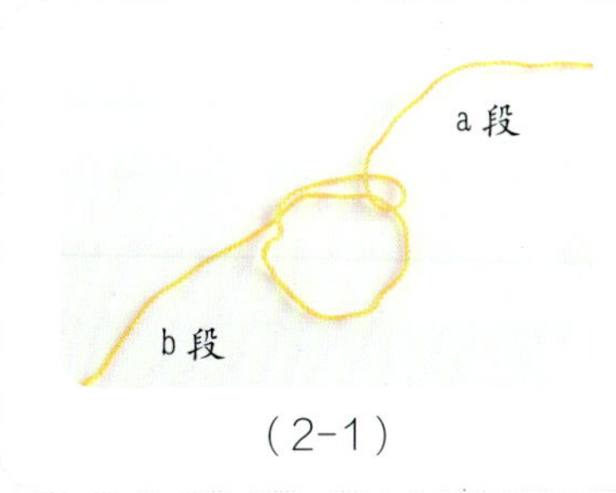

（2-1）

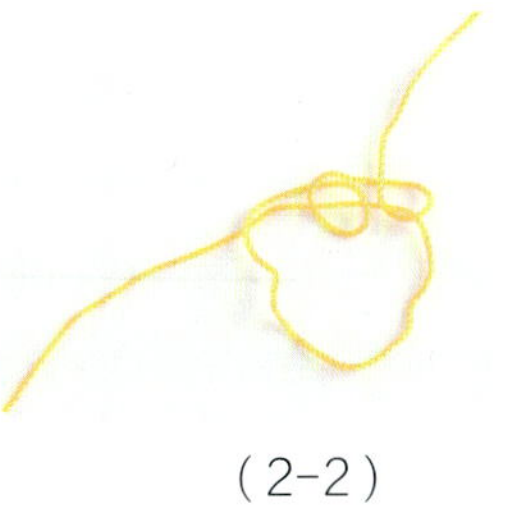
（2-2）

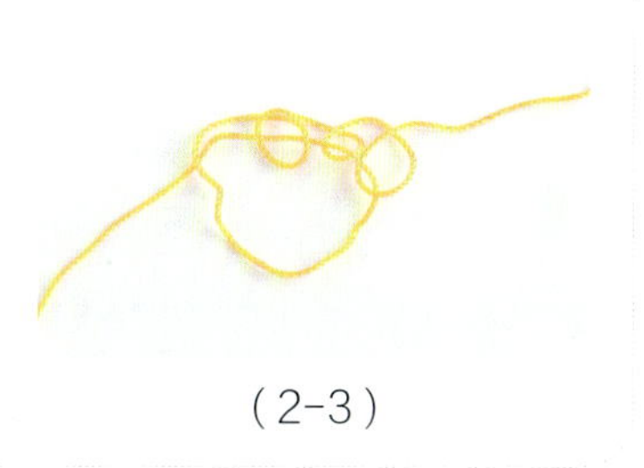
（2-3）

2. a段以b段为轴连续绕3个圈。

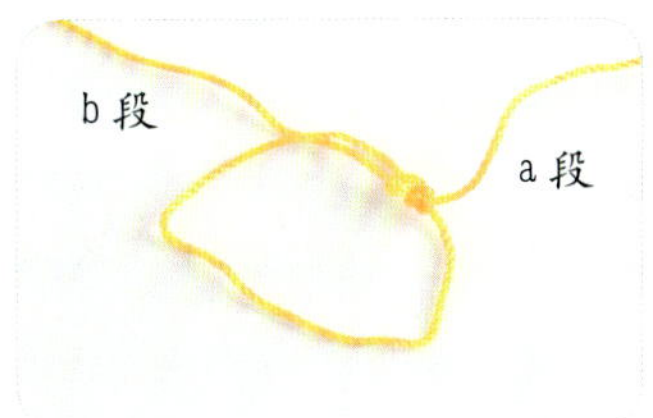

3. 拉紧a段。

4. 重复步骤2~3的做法，顺时针连续编结，直到形成1个圆形。

5. 将a段向左逐一穿入圆形的每一个圈中，如图逆时针编结。

6. 仿照步骤5的做法编结，自然形成螺旋状。

7. 如图套入1颗木珠，流苏帽自然形成网状球体。

8. 处理好线尾。

9. 取1根4号韩国丝对折，编1个双联结后穿入网状球体。

10. 绑上1束流苏线。

11. 两段余线同串入1颗木珠，编两个单结。

12. 用流苏线包住木珠。

13. 整理好流苏。

14. 剪齐，完成。

图书在版编目（CIP）数据

精美中国结挂饰 / 犀文图书，谢海斌编著. -- 杭州 ：浙江科学技术出版社，2014.10

ISBN 978-7-5341-5961-9

Ⅰ. ①精… Ⅱ. ①犀… ②谢… Ⅲ. ①绳结－手工艺品－制作－中国 Ⅳ. ①TS935.5

中国版本图书馆CIP数据核字(2014)第051398号

书　　名　精美中国结挂饰
编　　著　犀文图书　谢海斌

出版发行　浙江科学技术出版社
网　　址　www.zkpress.com
杭州市体育场路347号　邮政编码：310006
办公室电话：0571-85176593
销售部电话：0571-85176040
E-mail：zkpress@zkpress.com
排　　版　广东犀文图书有限公司
印　　刷　广州汉鼎印务有限公司
经　　销　全国各地新华书店

开　　本　787×1092　1/16　　印　张　10
字　　数　120 000
版　　次　2014年10月第1版　　2014年10月第1次印刷
书　　号　ISBN 978-7-5341-5961-9　　定　价　35.00元

责任编辑　王　群　王巧玲　　**责任印务**　徐忠雷
责任校对　梁　峥　　**特约编辑**　田海维